I0045814

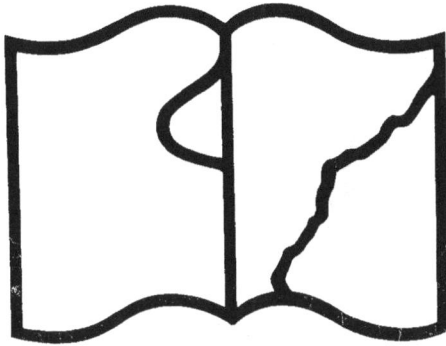

Texte détérioré — reliure défectueuse

NF Z 43-120-11

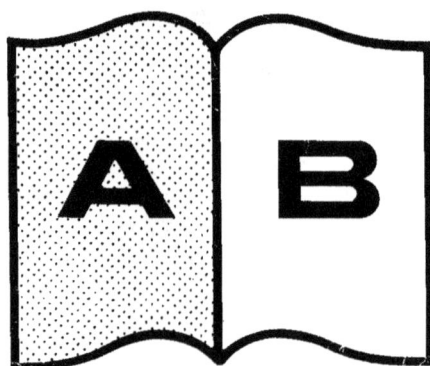

Contraste insuffisant

NF Z 43-120-14

INVENTAIRE
V 32,497

MÉTHODE

DE

TENUE DES LIVRES

INDIQUANT

LES MOYENS DE CONCILIER DANS LES ÉCRITURES

LA BRIÈVETÉ ET LA CLARTÉ

PAR

BODIN.

PRIX 4 FR.

1863

En vente chez l'Auteur, rue Saint-Antoine, 158,

A PARIS,

Et chez les Principaux Libraires et Papetiers de France.

V

MÉTHODE

DE

TENUE DES LIVRES

INDIQUANT

LES MOYENS DE CONCILIER DANS LES ÉCRITURES

LA BRIÈVETÉ ET LA CLARTÉ

PAR

BODIN.

~~~~~~~~~~

Première Édition.

~~~~~~~~~~

1863

En vente chez l'Auteur, rue Saint-Antoine, 158,

A PARIS,

Et chez les Principaux Libraires et Papetiers de France.

BIBLIOTHÈQUE IMPÉRIALE IMPR.

32497

R 215 113

ABRÉVIATIONS.

s. o. — son ordre.
m. o. — mon ordre.
s. b. — son billet.
m. b. — mon billet.
s. r. — sa remise.
m. r. — ma remise.
s. t. — sa traite.
m. t. — ma traite.
s. m. — son mandat.
m. m. — mon mandat.
s. f. — sa facture.
m. f. — ma facture.
march. gén. — marchandises générales.
eff. à rec. — effets à recevoir.
eff. à pay. — effets à payer.
p. et p. — profits et pertes.

Tout Exemplaire non revêtu de la signature de l'auteur sera réputé contrefait.

(C.)

THÉORIE.

1.—Tout commerçant a besoin de se rendre compte de ses opérations; souvent il lui est nécessaire de pouvoir les embrasser d'un seul coup d'œil pour diriger efficacement la marche de ses affaires.

2.—Pour atteindre ce but, il doit établir des livres dont les écritures seront à la fois claires, simples et exemptes d'erreurs.

3.—Le premier qu'il aura sera le livre de *Caisse*, pour l'entrée et la sortie de l'argent.

Le deuxième sera le *Brouillard* ou *Main-Courante* dont le nom indique l'usage. Ce livre lui servira à inscrire, au fur et à mesure qu'elles auront lieu, les opérations de son commerce, à l'exclusion des opérations de la caisse; il souffre les ratures et les surcharges. C'est un brouillon, pas autre chose. On peut le subdiviser en trois livres: le livre d'achats, le livre de ventes et le brouillard proprement dit, si les affaires du commerçant sont importantes.

Le troisième, le *Journal*, que la loi prescrit de tenir, c'est la copie au net de la caisse et du brouillard. Il ne doit avoir ni blanc, ni rature, ni surcharge, afin qu'on n'en puisse suspecter la véracité dans le cas où il devrait faire foi en justice.

Le quatrième, le *Grand-Livre*, où chaque client a séparément son compte.

Le cinquième, le *Répertoire*, qui est la liste alphabétique des noms de ses clients, et qui lui indique les folios de leurs comptes au Grand-Livre.

4.—Pendant bien longtemps, pour relater ses opérations, le commerçant se contentait de faire précéder, dans l'article qu'il passait, le nom de son client du mot *Doit*, si le client lui devait, ou du mot *Avoir* dans le cas contraire. Les écritures tenues ainsi étaient dites en *Partie Simple*; cette manière était l'enfance de l'art, et souvent des erreurs et des omissions passaient inaperçues.

5.—Pour remédier à cet inconvénient, on imagina de faire une contre-partie à chaque article, de telle sorte qu'il y eut dans chacun un débiteur et un créancier de la somme à passer, afin qu'en additionnant à un moment donné les débits de tous les comptes d'une part et les crédits (1) d'une autre part, les deux totaux fussent les mêmes et se rapportassent également à la somme totale des articles portés au Journal. Cette manière est aujourd'hui la seule usitée, et les écritures tenues ainsi sont dites en *Partie Double*.

6.—On songea d'abord à ouvrir un seul compte représentant le commerçant; ce compte était crédité lorsqu'un client était débité, et débité dans le cas contraire (2).

7.—Ayant ensuite remarqué que toutes les opérations commerciales possibles se réduisent à une entrée et à une sortie de marchandises, d'espèces, d'effets à recevoir, d'effets à payer, et à des gains ou des pertes, on voulut réunir les articles de même nature à l'exclusion des autres, afin de pouvoir se rendre compte séparment de leur mouvement, et on remplaça le compte unique du commerçant par cinq autres, auxquels on donna le nom de comptes généraux.

Ces cinq comptes sont : celui de *Marchandises Générales*, affecté aux marchandises ; celui de *Caisse*, à l'argent ; celui d'*Effets à recevoir*, à ceux de cette sorte ; celui d'*Effets à payer*, à ceux que le commerçant doit acquitter ; et celui de *Profits et Pertes*, aux gains et aux pertes.

Cette innovation compléta la double écriture et lui donna une utilité et une clarté beaucoup plus grandes.

8.—Lorsqu'il s'agit de passer un article, le Teneur de livres doit se faire deux questions: Qui est-ce qui donne? Qui est-ce qui reçoit? Celui qui reçoit doit être débité, celui qui donne doit être crédité.

(1) Le débit d'un compte est la note des sommes dues par la personne ou l'objet qu'il représente. Le crédit est au contraire la note des sommes qui lui sont dues.

(2) Débiter quelqu'un c'est écrire qu'il doit, le créditer c'est marquer qu'il lui est dû.

9.—Soit supposé actuellement qu'un négociant ouvre une maison de commerce à la date du 1er janvier 1863, et qu'il verse dans sa caisse, pour faire ses affaires, une somme de 100,000 francs.

Ici, qui est-ce qui reçoit? C'est la *Caisse*, donc elle doit être débitée. Qui est-ce qui donne? C'est le Commerçant. On doit lui ouvrir un compte sous le titre de *Capital* et le créditer.

Il faut donc écrire à la Caisse (n° 365), puis plus tard au Journal (210): *Caisse* doit à *Capital* : mon versement, 100,000 francs.

Les livres étant la propre chose du commerçant, les écritures sont détaillées comme si elles étaient écrites par lui-même; aussi le Teneur de livres met-il m. versement!, m. facture, au lieu de versement de tel, facture de tel.

10.—Dans la pratique on supprime le mot *Doit* qui demeure sous-entendu.

11.—Beaucoup de Teneurs de livres, non contents de porter les articles d'espèces à la Caisse, les portent encore au Brouillard, c'est une complication inutile. Il est vrai qu'en s'y prenant ainsi ils peuvent faire concorder les additions du Brouillard avec celles du Journal; mais la perte de temps qui résulte de ce surcroît de besogne a fait rejeter cette méthode.

12.—On peut réunir en un seul, en les portant au Journal, tous les articles du Débit de la Caisse, pendant un jour, une semaine et même un mois, et en un seul également tous les articles du crédit, ce qui abrége considérablement la besogne, tout en ne nuisant en rien à la régularité des écritures. Les achats et les ventes portés au Brouillard peuvent être également groupés; l'essentiel dans ces articles de *Divers* est de bien indiquer les dates pour qu'elles soient portées fidèlement au Grand-Livre.

Cette méthode n'est pas conforme au vœu de la loi qui demande que les articles soient portés jour par jour au Journal, mais elle est généralement usitée.

13.—Si l'on voulait passer ainsi écritures et qu'il s'agisse par exemple du Débit de la Caisse, on porterait comme suit au Journal:

CAISSE A DIVERS.

à TEL, son versement du........ » fr. » c.
à TEL, — du........ » »
à TEL, — du........ » »

La Caisse serait naturellement débitée de la somme totale et chaque client crédité de la somme qui le concerne.

14.—S'il s'agissait du Crédit de la Caisse on écrirait :

DIVERS A CAISSE.

TEL, à lui versé le.............. » fr. » c.

TEL,   —   le.............. »   »

TEL,   —   le.............. »   »

On débiterait chacun des clients et on créditerait la Caisse du total.

15.—On s'y prendrait de même pour les achats et les ventes.

16.—Le Livre de Caisse doit être réglé comme il est indiqué n° 365).

17.—Toutes les sommes reçues sont portées à gauche au *Doit* ou *Débit*, et toutes les sommes payées à droite à l'*Avoir* ou *Crédit*.

18.—Lorsqu'on veut vérifier l'état de la Caisse, on additionne séparément le *Doit* et l'*Avoir*, et la différence de l'Avoir au Doit doit donner le solde en caisse, ou autrement dit la somme dont on reste possesseur ; s'il y a une différence on cherche d'où elle provient et on la passe, suivant le cas, pour ajuster la Caisse.

19.—Le Journal doit être réglé comme il est indiqué (n° 210).

20.—La réglure du Brouillard est la même.

21.—Il est utile, pour la facilité des recherches, de mettre en grosses lettres, à la Caisse, au Brouillard et au Journal, en tête de chaque page, le mois et l'année. Les noms des comptes qui figurent aux articles doivent être écrits en demi-gros. L'usage de l'écriture ronde et de la gothique a été abandonné comme faisant perdre trop de temps. Le détail est écrit en fin et porté un peu vers la droite afin de faire ressortir davantage les titres.

22.—La colonne à gauche des articles sert, à la Caisse et au Brouillard, à mettre le folio du Journal, et au Journal, à mettre le folio de chaque compte au Grand-Livre.

23.—Les folios des Comptes Débiteurs, que l'on écrit d'abord, sont séparés de ceux des Comptes Créditeurs par une petite ligne, et lorsqu'on a porté une somme au Grand-Livre on pointe le folio indicateur noté au Journal. Pour aller plus vite on indique les folios sur chaque page avant de la transcrire au Grand-Livre.

24.—Quelques Teneurs de livres se servent de deux colonnes,

l'une pour les folios des Débiteurs, l'autre pour les folios des Créanciers.

25.—Le Grand-Livre doit être réglé comme il est indiqué (330).

26.—En examinant les divers livres, on voit porté à la Caisse, au Journal et au Grand-Livre, l'article du 1er janvier ; au Journal on voit les folios 1 et 2, indiquant qu'au folio 1 du Grand-Livre se trouve le Compte de Caisse et au folio 2 le Compte de Capital. Les points, qui se trouvent à droite de ces numéros, indiquent que la somme est transcrite sur chacun de ces comptes.

27.—Au Grand-Livre on voit au folio 1 ouvert le Compte de Caisse, et au folio 2 le Compte de Capital, comme l'indique le Journal. La date est mise d'abord, le détail abrégé ensuite, puis le folio du Journal sur lequel l'article est relevé et enfin la somme.

28.—Autrefois on mettait dans le détail le nom du compte figurant en même temps dans l'article, ou le mot Divers s'il y en avait plusieurs, et l'on avait une seconde colonne de folios pour y indiquer ceux de ces comptes au Grand-Livre. Ayant reconnu l'inutilité de ce travail, on ne le fait plus.

29.—On peut remarquer que la somme de 100,000 francs, qui est due par la Caisse, est portée à son débit à la gauche du Grand-Livre, et qu'en même temps cette somme, qui est due au Compte de Capital, est portée au Crédit de ce compte à la droite du Grand-Livre.

30.—Dix, vingt, cent articles et plus, pourront être passés encore au Grand-Livre. Les sommes portées figureront de même au Débit d'un compte et au Crédit d'un autre, et le total de toutes ces sommes sera naturellement égal au Débit et au Crédit. Ceci est, comme il a été dit plus haut, la base de la comptabilité en double partie.

31.—Autrefois on portait sur le Journal et sur le Grand-Livre tout le détail des opérations. Ce travail, qui est inutile, est impossible dans les maisons importantes ; on se contente d'avoir ces détails sur les livres auxiliaires.

Si l'on a une recherche à faire on prend le Compte au Grand-Livre, là, toutes les opérations se trouvent inscrites par ordre de dates, on retrouve par ces dates et par les numéros correspondants du Journal, soit au Journal, soit aux livres auxiliaires où se retrouvent ces dates et ces numéros, les détails dont on a besoin.

Les maisons qui font beaucoup de factures leur donnent un numéro d'ordre qui est reporté dans le détail au Grand-Livre, ceci aide beaucoup au besoin. Certaines même ont plusieurs livres de débit qui s'alternent, les uns servent les jours pairs, les autres les jours impairs, afin que le Teneur de livres puisse les relever sans empêcher le travail du magasin. Quand elles n'ont que deux livres, l'un porte les numéros pairs, l'autre les numéros impairs; quand elles en ont davantage elles se servent de plusieurs séries de numéros.

32.—Autrefois, vu la longueur des détails que l'on portait au Grand-Livre, le débit était sur la page de gauche et le crédit sur la page de droite; aujourd'hui on met le débit et le crédit sur la même page, de cette façon, le registre n'a plus besoin d'être aussi volumineux et il dure plus longtemps.

33.—Pour ce qui est du Répertoire il doit être tenu par ordre alphabétique de noms si le commerçant fait toutes ses affaires avec des personnes de la même ville, et par ordre alphabétique de villes si sa clientèle est disséminée en beaucoup d'endroits. Cette manière, dans ce dernier cas, facilite beaucoup les recherches et peut servir à dresser les listes que l'on donne aux voyageurs.

Si l'on avait, dans la même ville, une grande quantité de clients, on ouvrirait un répertoire supplémentaire à la place réservée à cette ville, et l'on y inscrirait les noms par ordre alphabétique, les recherches seraient ainsi excessivement faciles.

Quelques Teneurs de livres mettent le Répertoire à la fin du Grand-Livre; cette manière est incommode et on ne saurait la conseiller.

DU 2 JANVIER

34.—Il a été acheté à JOSÉ PÉDRO, de Madrid, 200 balles de laine d'Espagne. Ensemble net, 41,500 kilos à 4 fr. le kilo, soit fr. 166,000, rendus à l'entrepôt de Paris, ladite facture payable à 90 jours.

35.—José Pédro fournit, il doit être crédité. Il est acheté des marchandises, Marchandises Générales doivent être débitées.

Il faut donc écrire au Journal (211).

36.—Si l'on a adopté l'usage d'un livre pour transcrire les achats, il est inutile de les porter au Brouillard; il en est de même pour les ventes. Ces deux livres, comme il a été dit, n'étant qu'une subdivision de la Main-Courante.

37.—Il n'est pas nécessaire absolument que le titre des articles, Tel doit à Tel, soit porté au Brouillard, il suffit que les opérations soient indiquées d'une manière claire.

38.—Si les achats que fait une maison sont très-variés et de faibles sommes on n'a nul besoin d'ouvrir un compte à chaque fournisseur, on peut même généralement se passer d'en ouvrir aucun. Ce système, qui est très bon, simplifie considérablement les écritures.

Quand on l'emploie on range, dans un carton, les factures partielles par ordre alphabétique; on attend que les relevés généraux soient présentés, et lorsqu'on règle ces relevés, seulement alors, on en passe écriture. On débite March. Gén. du montant que l'on solde, et on crédite le Compte ou les Comptes ouverts aux valeurs que l'on donne en paiement.

Si le commerçant veut savoir ce qu'il a acheté à Tel ou Tel, à une certaine époque, il recherche les factures générales de l'individu. A ces factures sont jointes les notes partielles et il se rend parfaitement compte, seulement il faut de l'ordre dans ces papiers. Les factures de chaque année doivent être mises ensemble et classées par noms et par dates.

39.—Les lettres que l'on reçoit doivent être cotées et rangées de même. L'habitude, pour coter une lettre, est de la plier par le milieu, de gauche à droite, et de mettre en tête l'année, le nom, la ville, la date et le jour de la réponse, comme ceci :

1863.
JOSÉ PEDRO,
Madrid, 1er Janvier,
Rép. le 4

Les lettres du même nom sont mises les unes dans les autres, la plus récente en dehors, la plus ancienne en dedans, de manière qu'en ouvrant le paquet, la première se présente d'abord, la deuxième ensuite, etc.

40.—Quant aux lettres qu'on envoie, on les copie sur un registre que la loi prescrit et qu'on nomme: Copie de lettres. Il sert à renseigner, conjointement avec les lettres des clients, sur les détails et conventions relatifs aux affaires que l'on traite ; ce registre est muni d'un répertoire.

DU 3 JANVIER

41.—Vendu à MARCEL, de Rennes, 100 balles de laine d'Espagne. Ensemble net, 21,300 kilos à 6 fr. le kilo, soit fr. 127,800, payables à 90 jours.

Marcel achète, il doit être débité. Il est fourni des marchandises, March. Gén. doivent être créditées. (212).

DU 4 JANVIER

42.—Payé les droits d'entrée des 100 balles achetées à JOSÉ PÉDRO, fr. 41,500.

Les droits d'entrée, ports, assurances et autres frais relatifs aux marchandises que l'on achète, augmentent de leur montant le chiffre de l'achat. March. Gén. doivent donc être débitées. Il est fourni des espèces, la Caisse doit être créditée. (213).

DU 5 JANVIER

53.—Vendu à un inconnu, contre espèces, 100 kilos de laine à 7 fr. le kilo, fr. 700.

March. gén. fournissent, elles doivent être créditées. Caisse reçoit, elle doit être débitée. (214).

DU 6 JANVIER

44.—Vendu à DUBOIS, de Caen, contre espèces, 2 balles de laine, ensemble net, 300 kilos à 6 fr. 50, fr. 1950.

On pourrait, comme dans l'article précédent, débiter la Caisse et créditer March. Gén., ce serait fort bien passé, mais il y a un inconvénient dans ce cas et les semblables à employer ce système. Que dans deux, trois ou quatre ans, ce client réclame la même marchandise que celle fournie ce jour, sans indiquer ni date ni sorte de marchandise, les recherches, que cette demande occasionnera, feront perdre beaucoup de temps. Si dans l'intervalle il a pris contre espèces plusieurs fois, et que l'on veuille se rendre compte des affaires qui auront été faites avec lui, ce sera plus difficile encore. Si l'on tenait pourtant à adopter ce système, pour pallier à cet inconvénient, il serait nécessaire d'avoir un répertoire à la fin du livre destiné aux ventes.

On fera donc ici deux articles. (215-216).

DU 7 JANVIER

45.—Il a été fait, à JOSÉ PÉDRO, de Madrid, un billet à son ordre de fr. 166,000, au 31 mars, en paiement de sa facture du 2 courant.

José Pédro reçoit, il doit être débité. Un effet à payer est fourni, ce compte doit être crédité. (217).

Si José Pédro eût fait une traite, et qu'elle ait été acceptée, le cas serait le même.

On accepte une traite en mettant en travers : Accepté pour la somme de   en toutes lettres, et en signant au-dessous. Une acceptation équivaut à un billet.

46.—Voici, du reste, un modèle de billet et un modèle de traite acceptée :

Paris, le 14 Janvier 1863.   B. P. F. 1000.

Au Quinze Février prochain, je paierai contre le présent, à l'ordre de M. DUBOIS, la somme de **mille francs**, valeur en marchandise (1).

A mon domicile,   BOULLANGER.
8, rue du Bac,
à Paris.

Paris, le 14 Janvier 1863.   B. P. F. 1000.

Au Quinze Février prochain, payez contre la présente à l'ordre de (2) M. DUBOIS, la somme de **mille francs**, valeur en marchandise (1), que passerez suivant avis de

(en marge : Accepté pour la somme de MILLE FRANCS, Reims, 20 Janvier 1863, Damien.)

A Monsieur Damien,
marchand de laine,   BOULLANGER,
à Reims.

On appelle mandat une traite non acceptable, et lettre de change une traite qui est ou qui doit être acceptée.

Si pour l'étranger, au lieu d'une simple traite, on tire en double ou triple exploit, on met au lieu de contre la présente : contre cette première de change (le mot lettre est ici sous-entendu), contre cette seconde, contre cette troisième, etc. Ce système est

(1) Ce terme peut être changé en valeur en compte, ou reçue comptant, etc., suivant le cas.

(2) On écrit le nom de la personne à qui l'on remet l'effet. Si l'on fait la traite pour la serrer en portefeuille, on met alors à mon ordre, ou à notre ordre, s'il y a lieu, dans ce cas on doit endosser au moment de la cession.

adopté afin de pouvoir laisser à l'acceptation la première traite, pendant que l'autre ou les autres circulent de main en main.

48.—Pour céder ou endosser un effet on se sert de la formule suivante, qu'on met au dos, à la suite des signatures déjà existantes, s'il y en a, ou en travers ou même sur une rallonge, à défaut de place :

> Payez à l'ordre de M
>
> valeur en
>
> le   18

On remplit le nom de la personne, le motif de la cession; on indique le nom de la ville, la date, et on signe.

Il est toléré de signer un endos en blanc; dans ce cas, tout porteur, quel qu'il soit, peut s'en prétendre le propriétaire, ce qui offre un certain danger.

49.—Tout commerçant qui reçoit des effets de commerce doit avoir un livre pour leur enregistrement.

En voici la réglure ci-contre et les deux effets ci-dessus, censément remis par M. Bernard, de Paris, y sont inscrits.

50.—Dans la première colonne on met la date de la réception de la valeur; dans la deuxième le numéro qu'on lui donne. On commence par le numéro 1 et l'on va toujours en suivant.

Une maison de banque qui reçoit les effets par milliers, et qui a plusieurs livres d'entrées, doit avoir naturellement plusieurs séries de numéros. Chaque livre est lui-même marqué d'une ou de plusieurs lettres pour la facilité des recherches.

Lorsque l'on donne un numéro à un effet on applique, sur ledit effet, un timbre portant le nom du commerçant ou tout autre signe, et on inscrit ce numéro.

51.—Dans la troisième colonne on inscrit le nom de la personne qui a remis la valeur.

Dans la quatrième, sa ville.

Dans la cinquième, le nom de celui qui l'a créée.

Dans la sixième, sa ville.

Dans la septième, la date qu'il a fait ladite valeur.

Dans la huitième, le nom de la personne à l'ordre de qui il l'a faite, ou son propre nom s'il l'a faite à son ordre.

Dans la neuvième on met le nom de celui qui doit payer la valeur.

LIVRE D'ENTRÉE DES EFFETS A RECEVOIR.

Dates de l'entrée	No	Cédants	leur Ville	Tireurs	leur Ville	Dates de la Confection	Ordre	Payeurs	leur Ville	Adresses	Sommes	Echéances	Cession-naires	Dates de la Cession
1863 25 Janv.	1	Bernard	Paris	Boulanger	Paris	14 Janv.	Dubois	Boulanger	Paris	8, rue Bac	1000 »	15 Févr.		
	2							Damien	Reims		1000 »			
	3													
	4													
	5													
	6													
	7													
	8													
	9													
	10													

Dans la dixième, sa ville.

Dans la onzième, son adresse si elle est indiquée.

Dans la douzième, la somme qui devra être payée.

Dans la treizième, l'échéance de la valeur.

Dans la quatorzième, le nom de la personne à qui on la remettra soi-même plus tard.

Dans la quinzième, la date de cette cession.

Bien des maisons ne se servent pas des deux dernières colonnes, elles ne sont nécessaires que dans les maisons de banque.

52.—Il est bien entendu que l'on ne saurait inscrire sur le même livre les effets que l'on reçoit en paiement et ceux que l'on souscrit soi-même ou que l'on accepte. Si l'on veut donner un numéro à ces effets on ouvre un registre à part où l'on indique le numéro, le nom du tireur, sa ville, la date, l'ordre, la somme et l'échéance.

53.—On doit avoir en outre un Carnet d'échéance réglé comme suit:

EFFETS A PAYER au mois d   18

N^{os}	BÉNÉFICIAIRES	LEUR VILLE	SOMMES	ÉCHÉANCES

On inscrit le numéro de l'effet, le nom du fournisseur qui l'a créé ou à qui on l'a fourni, sa ville, la somme et le jour du mois. Chaque mois doit avoir sa page.

DU 8 JANVIER

54.—MARCEL, de Rennes, a envoyé son billet de fr. 127,000, au 5 avril, en paiement de la facture qui lui a été faite le 3 courant.

Il est reçu un effet dont on devra encaisser le montant, ou autrement dit dont on devra recevoir la valeur en espèces, à l'échéance du 5 avril.

Effets à recevoir doivent en être débités. Marcel fournit la valeur, il doit en être crédité. (218).

DU 9 JANVIER

55.—Acheté contre espèces à WAGNER, de Francfort, 50 balles laine d'Allemagne, pesant net 9,900 kilos à 5 fr. le kilo, soit fr. 49,500.

March. Gén. reçoivent, elles doivent être débitées. La Caisse fournit, elle doit être créditée. (219).

DU 10 JANVIER

56.—Acheté à DESPREZ, d'Orléans, un lot de laine en suint pesant 2000 kilos, au prix de 1 f. 50 le kilo et 2 p. 0/0 d'escompte, payable à 90 jours, faisant net fr. 2,940.

March. Gén. reçoivent, elles doivent être débitées. Desprez fournit, il doit être crédité. (220).

Dans cet article, beaucoup de Teneurs de livres, tiendraient note de l'escompte, ils débiteraient March. Gén. de 3000 fr., créditeraient Desprez de 2940 fr. et P. et P. de 60 fr. Ceci complique les écritures, et il est mieux de ne passer que le montant net de la somme.

Dans certains commerces, une chose singulière existe, c'est que l'on fait sur le prix d'achat 60, 70 et 80 p. 0/0 d'escompte, tout en faisant encore après cette réduction une remise de 10, 20, 30 et même 40 p. 0/0.

On comprend qu'il serait absurde de passer tous ces rabais par Profits et Pertes.

Un seul escompte peut être rationnellement passé, c'est celui pour prompt paiement.

Si un achat avait été fait payable à trois mois, et la somme portée telle au bout d'un laps de temps quelconque, en payant sous escompte, il y aurait lieu de passer la différence par P. et P.

Comme il a été dit (38), on pourrait, quant à présent, ne pas porter l'article ci-dessus et attendre, pour en passer écritures, que l'opération soit soldée.

DU 11 JANVIER

57.—Gagné au jeu, ce jour, 500 fr. en espèces.

La Caisse reçoit, elle doit être débitée. Un bénéfice est fait, on doit créditer P. et P. comme on créditerait un client s'il avait fourni la somme. (221).

Dans le cas contraire on débiterait P. et P. et on créditerait la Caisse.

DU 12 JANVIER

59.—Acheté à LUNEL, de Saumur, un lot de laine en suint de 20,000 kilos, au prix de 1 fr. 40 le kilo, soit fr. 28000, qui lui sont réglés immédiatement en un billet à s. o. au 15 avril.

March. Gén. reçoivent, elles doivent être débitées. Un effet à payer est fourni, le compte d'Effets à Payer doit être crédité. (222)

DU 13 JANVIER

60.—Acheté ce jour, à KAUFMANN, de Dresde, 10 balles de laine d'Allemagne, net 1,000 kilos à 5 fr. 40 le kilo, soit fr. 5,400, en paiement desquels il lui a été donné 800 kilos net, laine d'Espagne en 4 balles.

March. Gén. reçoivent et donnent; on pourrait les débiter et les créditer en passant ainsi : March. Gén. à M. G., mais Kaufmann n'aurait pas de compte; comme il est utile qu'il en ait un pour les motifs déjà donnés (44), on le débitera de la vente qu'on lui fait en créditant M. G., et on le créditera par contre de ce qu'il fournit, en débitant M. G., soit en faisant deux articles (223-224), soit en n'en faisant qu'un comme suit :

DIVERS A DIVERS.		
KAUFMANN,		
m. f.	5,400 »	
MARCH. GÉN.		
f. Kaufmann.	5,400 »	
	10,800 »	
à MARCH. GEN.		
m. f. à Kaufmann	5,400 »	
à KAUFMANN,		
s. f.	5,400 »	10,800 »

Cette dernière manière de passer les écritures est rarement employée.

On remarquera qu'on ne porte qu'un seul total sur les deux dans la colonne d'addition, comme on ne porterait qu'une somme s'il n'y avait qu'un débiteur et qu'un créancier.

On pourrait encore écrire : Kaufmann à Kaufmann, sans rien porter au compte de March. Gén. De cette manière le compte de Kaufmann relaterait l'opération, mais le mouvement des marchandises ne serait pas indiqué, ce qui est assez important. Il vaut donc mieux passer écritures comme il vient d'être dit.

61.—Sauf les contrepassements faits à la suite d'erreurs le débit du compte de March. Gén. indique le montant des achats, et le crédit le montant des ventes. On aime assez en général se rendre compte de ces chiffres.

DU 14 JANVIER

62.—Acheté ce jour, à FERNANDO MANOEL, de Bilbao, franches de droits et de port, 200 balles de laine d'Espagne pesant 44,000 kilos net, au prix de 5 fr. le kilo, soit fr. 220,000, en paiement desquels il lui a été remis ce qui suit :

L'effet de Marcel (1) remis au 5 avril........ f.	127,800
Un billet à s. o. au 15 avril.................	45,000
22,000 kilos laine en suint à 2 fr. le kilo.....	44,000
Espèces. ....·	3,000
Vu l'importance de la somme il a consenti à un rabais de.........................	200
Somme égale.......	220,000

Cet article peut être passé de diverses manières.

On peut débiter March. Gén. du montant total de l'achat qui est de 220,000 fr. en créditant les comptes d'Effets à Recevoir, d'Effets à Payer, de March. Gén., de Caisse, de P. et P.

On peut aussi ne débiter March. Gén. que de 219,800 fr. en ne créditant pas P. et P. des 200 fr. de rabais. Dans ce cas, on considère l'achat comme ne s'élevant qu'à 219,800 fr.

On peut encore créditer Fernando Manoël de sa facture et le

---

(1) Lorsqu'un numéro est donné aux effets on indique seulement ce numéro, la ville, l'échéance et la somme.

débiter de ce qu'il reçoit en paiement. Cette dernière manière est ici préférable, le client recevant de la marchandise, on passera donc. (225-226-227).

Il est bien entendu que l'on portera les 3000 francs versés à la Caisse et non au Brouillard, l'article complet sera relevé au Journal d'après ces deux registres. Si pourtant l'on tenait à ne faire qu'un article on écrirait toute l'opération au Brouillard, en observant, pour éviter un double emploi, d'inscrire sur la Caisse le' folio indicateur de ce livre.

Ces observations sont également applicables à la vente faite si un registre spécial est ouvert aux ventes.

DU 15 JANVIER

63. — Vendu ce jour, à DURAND, de Douai, 293 balles laine d'Espagne, pesant net 62,900 kilos à 6 fr. le kilo, soit fr. 377,400

en paiement desquels il a fourni un effet sur Lyon au 25 courant..	10,000
Un effet sur Paris au 18 avril.........................	20,000
Un effet sur Marseille au 30 avril.....................	30,000
Le billet souscrit à Lunel au 15 avril.................	28,000
En espèces...	270,000
Un lot de suint, 10,000 kilos à 1 fr. 50...............	15,000
Il a retenu pour escompte et rabais...................	4,400

Somme égale...... 377,400

Nota. Il y a 100 kilos de manque de poids sur ce lot de laine, qui a coûté 5 fr. le kilo.

March. Gén. fournissent une somme nette de 373,000 fr., elles doivent être créditées par le débit de Durand.

Trois effets sont reçus.

Un effet à payer est rendu.

Des espèces et de la marchandise sont reçues.

Effets à Recevoir, Effets à Payer, Caisse et March. Gén., doivent être débités par le crédit de Durand. (228-229-230).

Quant à la différence de poids on n'en tient note qu'au livre auxiliaire d'Entrées de marchandises, si toutefois on en a un.

Dans cet exemple et les semblables, on pourrait ne faire qu'un seul article en supprimant le compte de Durand, comme il a déjà été dit (44); on ne passe, comme il vient d'être fait, que pour faciliter les recherches.

DU 16 JANVIER

64.—LAURENT, de Paris, ayant besoin de 10,000 fr. sur Lyon, verse cette somme en espèces, et il lui est remis un effet de valeur égale au 25 courant sur ladite ville.

La Caisse reçoit, elle doit être débitée. Les Effets à Recevoir donnent, ils doivent être crédités. (231).

DU 17 JANVIER

65.—Il est pris chez JOHANNEAU, de Paris, une traite de 2,940 fr. au 10 avril sur Orléans, et cette traite est envoyée de suite à DESPREZ pour le couvrir de sa facture. Il est versé à Johanneau une somme de 2920 fr., la différence de 20 fr. est retenue pour avance de paiement.

Faisant avec Johanneau une opération soldée il est inutile de lui ouvrir un compte.

L'effet de 2,940 fr., n'entrant pas en portefeuille, il n'est pas besoin de le porter au compte d'Effets à Recevoir. Desprez, d'Orléans, reçoit 2,940 fr., il doit en être débité.

La Caisse fournit 2,920 fr., elle doit en être créditée.

Un bénéfice de 20 fr. est fait, P. et P. doivent en être crédités. (232-233).

Il n'y aurait nul inconvénient à débiter et à créditer Johanneau, et à débiter et à créditer Effets à Recevoir, seulement ce serait plus long.

DU 18 JANVIER

66.—Payé ce jour, le billet de 166,000 fr., ordre JOSÉ PEDRO, sous l'escompte de 2 p. 0/0.

Il y a deux manières de passer cet article.

1° On peut débiter Effets à Payer de fr. 166,000 en créditant Caisse de 162,680 fr. et P. et P. de 3,320 fr.;

2° On peut débiter Effets à Payer de fr. 166,000 par le crédit de la Caisse et débiter la Caisse de fr. 3,320 par le crédit de P. et P., on suppose alors que l'on verse le montant intégral de l'effet et que l'on touche l'escompte.

La première manière paraît, au premier abord, la seule rationnelle, mais elle a l'inconvénient de diviser l'effet en deux parties, celle payée qui serait portée à la Caisse, celle retenue pour escompte qui serait portée au Brouillard.

La seconde manière a l'avantage de laisser l'effet en une seule somme, ce qui est plus commode si l'on veut pointer le compte d'Effets à Payer, elle ne nécessite pas de passer l'article sur deux livres et elle est plus expéditive : il est donc préférable de l'adopter. (234-235).

DU 19 JANVIER

67.—Acheté ce jour, à BERSON, d'Haïti, 2000 balles laine de Buénos-Ayres, pesant net 564,000 kilos, à 3 francs le kilo, soit fr. 1,692,000 qui lui ont été réglés comme suit :

Paris, 18 avril...........................	20,000
Marseille, 30 avril......................	30,000
Espèces.................................	102,000
Un billet au 31 mars....................	40,000
— 30 avril......................	500,000
— 31 mai......................	500,000
— 30 juin......................	500,000
Somme égale........	1,692,000

Ces 2000 balles sont chargées sur les navires le *Washington* et le *Vengeur*, actuellement en rade à Portland.

Il est envoyé ce jour, pour assurance de ces marchandises, à la Compagnie Maritime du Hâvre, fr. 51,000, un billet au 31 mars, et il est versé à Longuet, courtier, fr. 17,000 espèces pour sa commission sur cette affaire, qu'il a fait faire.

Dans cet article, Berson n'est que fournisseur et pas acheteur; sa facture étant soldée il est inutile de lui ouvrir un compte.

Un achat est fait, une assurance et une commission sont payées, March. Gén. doivent être débitées de ces sommes.

Des effets à recevoir, des effets à payer et des espèces sont donnés. Les comptes d'Effets à Recevoir, d'Effets à Payer et de Caisse, doivent être crédités. (236-237).

Si l'on tenait à ce que Berson ait un compte, on passerait l'article comme suit, suivant ce qui a été dit. (60).

DIVERS A DIVERS.

BERSON, d'Haïti,				
m. remise		1692000	»	
MARCH. GÉN.				
f. Berson	1,692,000			
Assurance	51,000			
Comm.	17,000	1760000	»	
		3452000	»	
à BERSON, d'Haïti,				
s. facture		1692000	»	
à EFFETS A RECEVOIR				
m. remise		50000	»	
à CAISSE				
à Berson, espèces,	10,200			
à Longuet, comm.	17,000	119000	»	
à EFFETS A PAYER				
o. Berson	1,540,000			
o. Cⁱ Maritime	5,100	1591000	»	3452000	»

On pourrait aussi diviser cet article en plusieurs, ouvrir même un compte à Longuet et à la Compagnie Maritime. Peu importe la manière de passer écritures, l'essentiel c'est que l'opération soit présentée clairement et que les comptes ne soient débités ou crédités qu'autant qu'ils le doivent être.

DU 20 JANVIER

68.—Vendu à DURAND, de Brest, 50 balles de laine d'Allemagne, pesant 9,900 kilos à 6 fr. le kilo, soit fr. 59,400 qu'il a réglés en s. r. fin courant.

Durand reçoit, on le débitera par le crédit de March. Gén. Il remet un effet, on le créditera par le débit d'Eff. à Rec.

Pour familiariser avec les articles de *Divers à Divers*, cette opération est passée par un semblable. (238).

Certains Teneurs de livres, croyant employer moins de temps, réunissent en un seul article tous ceux d'une journée, d'une semaine et même d'un mois, par un *Divers à Divers*. Cette manière de passer écriture ne saurait être conseillée.

1° Elle est moins claire pour qui fait des recherches;

2° Elle oblige de voir deux fois chaque article lorsqu'on le passe, une fois pour prendre les débiteurs et une fois pour prendre les créditeurs;

3° On est obligé de donner la même explication des opérations au débit et au crédit, ce qui fait répétition.

Qu'on réunisse en un seul tous les articles semblables, toutes les ventes, tous les rabais, toutes les remises, etc., rien de mieux, il y a abréviation, mais c'est vouloir perdre du temps que de joindre ensemble des articles qui n'ont aucun rapport entr'eux.

DU 21 JANVIER

69.—Vendu à BENEKE, de Londres, 10 balles de laine d'Allemagne, pesant 1000 kilos, à 7 fr. le kilo, soit fr. 7000 qu'il règle en une traite de 280 liv. sterling au 28 février prochain, sur Londres, formant un taux de 25 fr. par livr. fr. 7000.

Beneke doit être débité par le crédit de March. Gén. et crédité par le débit d'Effets à Recevoir. (239-240).

DU 22 JANVIER

70.—Entrant ce jour en relations, qui doivent être suivies, avec BOUCHARD, banquier de cette ville, il lui est remis l'effet de 280 liv. sterl. sur Londres, qu'il prend au taux net de 24 fr. 50, soit fr. 6860, dont il crédite la maison.

Une valeur de 7000 fr. est donnée, Effets à Recevoir doivent en être crédités; Bouchard la reçoit, mais pour 6,860 fr. seulement, il ne doit être débité que de cette somme; la différence étant une perte, P. et P. doivent en être débités. (241).

Habituellement, lorsqu'on remet un bordereau on n'en a pas de suite le net produit, généralement alors, on débite le banquier du montant des effets et on le crédite ensuite de l'agio lorsqu'on le connaît.

En s'y prenant ainsi on n'a pas les mêmes sommes que lui, car il ne porte que les sommes nettes au crédit de la maison. Lorsque l'on vérifie son compte courant, on est obligé, pour chaque article du crédit, de pointer deux sommes: le montant brut et l'agio, et de faire autant de soustractions qu'il y a d'articles.

Pour obvier à cet inconvénient on ouvre un compte sous le titre de *Bordereaux*, ou de tout autre qu'on trouve plus approprié; on débite ce compte du montant des effets et on le crédite de la même somme, lorsqu'on a le net produit, |par le débit du banquier pour la somme nette, et par le débit de P. et P., pour l'agio. Ainsi faisant, le compte du banquier est en tout semblable à celui de la maison, et le pointage peut se faire sans difficulté. L'article suivant en est un exemple.

71.—Les entrepreneurs de maçonnerie, de charpente, de menuiserie, de serrurerie, de peinture, etc., qui remettent des mémoires en demande qu'ils savent devoir être diminués d'un cinquième ou plus par un architecte, peuvent agir à peu près de même à l'égard de ces mémoires.

Ils débiteront les clients du montant brut par le crédit de *Mémoires,* et lorsqu'on les réglera, ils débiteront ce compte par le crédit de March. Gén. pour la somme nette et par le crédit de ce même compte de Mémoires pour le rabais.

Cette manière évite de charger les comptes de March. Gén. et de P. et P. de sommes qu'il n'est pas rationnel d'y porter.

DU 23 JANVIER

72.—Remis à BOUCHARD fr. 59,400 sur Brest, fin courant.

Un effet est remis, Effets à Recevoir doivent être crédités; le compte de Bordereaux qui reçoit pour Bouchard en sera débité. (242).

DU 24 JANVIER

73.—L'effet sur Londres, remis par BENEKE, est rendu protesté faute d'acceptation par Bouchard, au change de 24.75, soit fr. 6,930, plus pour frais de retour fr. 20; il est retourné de suite à Beneke et traite est faite sur ce client de fr. 7020 au 28 février en couverture et pour solde.

Un effet à recevoir de fr. 7020 est créé, le compte d'Effets à Recevoir doit en être débité; Bouchard fournit une valeur de fr. 6,950, il doit être crédité de cette somme, l'effet en retour ayant été reçu au taux de fr. 25 la liv. sterl. il doit être retourné au même taux, ce qui constitue un bénéfice de fr. 70, dont P. et P. doivent être crédités. (243).

On pourrait débiter Beneke du retour et le créditer de la traite faite sur lui. Si c'était son propre billet qui revienne impayé, il serait préférable que les écritures soient ainsi passées afin de renseigner ultérieurement sur sa solvabilité.

DU 25 JANVIER

74.—BOUCHARD fait connaître le net produit de la remise qu'on lui a faite le 23 courant, il est de fr. 59,160, il retient pour agio fr. 240.

Le compte de Bordereaux ayant été débité de fr. 59,400 lors de la remise au banquier, doit être crédité de cette somme, par le débit de Bouchard pour le montant du net produit et par le débit de P. et P. pour l'agio. (244).

DU 26 JANVIER

75.—Remis ce jour, à HOTTOT, de Prague, l'effet sur Beneke, de Londres, montant à fr. 7,020
plus une lettre de crédit sur Bouchard de.............. 32,980

Total........ 40,000

en échange desquels il me remet m. b. de fr. 40000, o. Berson, au 31 mars.

Un billet rentre, Effets à Payer doivent en être débités; un effet est fourni, Effets à Recevoir doivent en être crédités; Bouchard paiera la lettre de crédit faite sur lui, il doit être considéré comme la payant au moment et en être crédité. (245).

DU 27 JANVIER

76.—Reçu ce jour, de JOSÉ PÉDRO, de Madrid, un effet de fr. 10,000 sur Lisbonne, au 30 avril, en échange duquel il lui est donné en une lettre de crédit sur Bouchard fr. 8,000
et en espèces.................................... 1,800
il lui est retenu pour agio. 200

Somme égale........ 10,000

Effets à recevoir reçoivent f. 10,000, ils doivent en être débités; Bouchard paiera fr. 8,000; la caisse verse fr. 1,800, un bénéfice de fr. 200 est fait; Bouchard, Caisse, P. et P. doivent être crédités. (246-247).

DU 28 JANVIER

77.—KAUFMANN, de Dresde, ayant besoin de papier sur Paris, fait traite sur moi de fr. 10,000, au 31 mars prochain; cette traite est faite par première et seconde lettre de change: la première m'est remise, par sa lettre d'avis, pour que je puisse l'accepter; la seconde est mise par lui en circulation.

Kaufmann fait traite, c'est comme s'il avait reçu, il doit être débité ; une lettre de change est acceptée, Effets à Payer doivent être crédités. (248).

La première lettre de change acceptée devra être remise au porteur de la seconde, et au jour du paiement les deux lettres de change devront être représentées. Ces lettres qui sont chacune de 10000 fr. ne représentent qu'une fois cette somme, comme il a été dit (47), on agit ainsi pour la plus grande facilité des relations. En cas de perte de l'une d'elles, déclaration devrait en être faite par le porteur, et sur le vu de l'autre titre, si les endos étaient en règle, le paiement aurait lieu nonobstant.

DU 29 JANVIER

—78.—KAUFMANN, de Dresde, me remet en couverture une lettre de crédit de fr. 8,000 sur Marcel, de Rennes, et un effet de fr. 2,100 sur Carpentras, au 30 avril ; les 100 fr. qu'il me remet en plus me sont laissés pour ma commission.

Kaufmann devait fr. 10000, il les paie, il doit en être crédité ; il remet en plus fr. 100, mais à titre de don, P. et P. doivent en être crédités.

Une lettre de crédit de fr. 8,000 sur Marcel est reçue, Marcel devient débiteur à la place de Kaufmann, on doit donc le débiter ; un effet est aussi reçu, Effets à Recevoir doivent en être débités. (249).

On pourrait, si on le désirait, débiter Kaufmann par P. et P. des fr. 100 d'agio ; on le créditerait alors du montant total de sa remise qui est de fr. 10,100.

DU 30 JANVIER

79.—DESPREZ, d'Orléans, me remet une lettre de crédit de fr. 5,000 que lui a donnée sur moi Dubois, de Caen. Sur la remise de cette lettre, que je conserve en portefeuille, et dont je lui donne reçu valant titre, je lui fournis fr. 4,000, m. bon à vue sur Bouchard.

Dubois dispose sur moi de fr. 5,000, Desprez reçoit un bon de fr. 4000, ils doivent être débités.

Desprez me remet une lettre de crédit de fr. 5,000, Bouchard paiera sur mon reçu fr. 4,000, ils doivent être crédités. (250).

DU 31 JANVIER

80.—Payé pour frais divers, loyer, impositions, ports de lettres,

appointements d'employés, etc.	1,400
Prélevé pour dépenses particulières...................	600
	2,000

Ces sommes sont perdues pour la maison ; P. et P. pourraient en être débités, mais il est mieux d'ouvrir un compte aux frais divers et un aux dépenses personnelles du commerçant. On débitera donc Frais Généraux et Dépenses de Maison.

Caisse qui a fourni sera créditée. (251).

81.—Toutes les opérations du mois de Janvier étant portées au Journal et au Grand-Livre, il s'agit de faire une *Balance* pour s'assurer qu'aucune erreur ne s'est glissée dans les écritures.

Comme il a été dit (5), on additionnera séparément toutes les sommes portées au Journal, les débits des comptes au Grand-Livre et les crédits : les trois totaux devront se ressembler. (251-363).

On relève la balance sur une feuille volante que l'on conserve jusqu'à ce qu'on ait fait celle du mois suivant. Ces relevés ne sont que des brouillons et n'ont nullement besoin d'être bien écrits, sauf le cas où le commerçant désirerait les conserver.

Quelques Teneurs de livres ont un Cahier de Balance avec les colonnes pour les douze mois, afin de s'éviter d'écrire chaque fois les noms des clients. Ce cahier est mal commode et on n'en saurait conseiller l'usage. Si le Teneur de livres fait sa balance pour lui-même il n'a pas besoin d'écrire les noms, les folios suffisent.

82. — Quelque chose est fort ennuyeux dans les balances faites telles qu'il vient d'être indiqué, c'est que les mois s'ajoutant les uns aux autres, on relève chaque fois les comptes déjà soldés.

Voici un moyen d'éviter ce désagrément : On ne s'occupe pas du Journal et on n'additionne que les sommes des débits et celles des crédits du Grand-Livre, en laissant les comptes soldés, sous lesquels on tire des lignes qui indiquent qu'on n'a pas à les relever. Ce moyen est très bon, il sera employé ici pour les mois qui vont suivre, mais on ne peut le conseiller qu'aux personnes déjà habituées aux écritures, car il a un inconvénient, c'est que si une somme est omise à un débit et omise également à un crédit, on ne s'en apercevra pas.

On évite du reste ce genre d'erreurs en ayant soin, après chaque page du Journal portée au Grand-Livre, de s'assurer que les folios indicateurs sont tous bien portés et pointés.

83.—Une chose très utile à un Teneur de livres, c'est d'additionner vîte. Beaucoup de personnes ne savent pas s'y prendre, ainsi soit donnée l'addition suivante :

9 — Elles diront : 9 et 7 font 16, 16 et 4 font 20, 20 et 8 font
7 — 28. Une addition doit se faire des yeux sans remuer les
4 — lèvres. On doit lire : 9, 16, 20, 28, sans dire : tant et tant
8 — font tant. En voyant les chiffres on doit, en quelque
—— — sorte, deviner le total. La grande habitude d'additionner
28 — en s'y prenant ainsi donne une habileté extraordinaire,

et il est rare qu'on se trompe.

84.—Dans une balance il peut se rencontrer plusieurs sortes d'erreurs : une erreur d'addition, une omission, une transposition ou une fausse inscription.

85.—Si la différence est de 10, 20 ou 30 centimes, 1, 2 ou 3 fr., 10, 20 ou 30 fr., 100, 200 ou 300 francs, etc., c'est en général une erreur d'addition.

Lorsqu'on a l'habitude d'additionner, en relevant les totaux des différents comptes, on ne repasse pas ses additions. Si on se trouve à la fin avoir une différence d'un franc on ne repasse que les colonnes de centimes et d'unités de francs. Il est plus court de s'y prendre ainsi que de chercher à trouver sa balance juste du premier coup.

86.—Si la différence forme une somme exprimée par divers chiffres, telles que : 362, 483, 1287, 1287 fr. 50, etc., ce peut être une omission, on cherche alors au Journal et au Grand-Livre la somme dont il s'agit, si elle ne s'y trouve pas, ce peut être une transposition. Si l'on a par exemple 362 francs de plus aux crédits qu'aux débits, on cherchera au Journal 181 fr., si cette somme a été portée au crédit d'un compte au lieu d'être portée à son débit, là est l'erreur. La rectification faite, le total débiteur s'augmentera de 181 fr., le total créditeur se diminuera d'autant et les deux sommes se trouveront égales.

87.—Si la différence n'est ni une erreur d'addition, ni une omission, ni une transposition, c'est forcément une fausse inscription. Dans ce cas il faut pointer les écritures, c'est-à-dire repasser article par article toutes les sommes portées, en mettant devant un point au crayon, tant au Journal qu'au Grand-Livre, besogne extrêmement ennuyeuse et qu'un Teneur de livres exercé est très rarement obligé de faire.

88.—Il y a deux manières de pointer, soit du Journal au Grand-Livre, soit du Grand-Livre au Journal ; la seconde est préférable, en voici le motif : Dans un mois d'écritures on a par exemple dix pages d'employées au Journal, tandis que les articles sont disséminés au Grand-Livre dans 100, 200, 500, quelquefois 1000 folios, si l'on prend les articles les uns après les autres au Journal on est exposé à sauter au Grand-Livre du folio 20 au folio 500 pour revenir au folio 130 et retourner au folio 620.

Si l'on prend au contraire les comptes les uns après les autres au Grand-Livre, les recherches n'ont à se faire que dans les dix pages écrites au Journal, et l'on avance rapidement.

89.—En comptabilité on peut dire que le temps est de l'argent; le plus habile est celui qui relate le plus clairement les opérations en se donnant le moins de travail.

90.—Voici encore un moyen abréviatif : Soit donnée une maison de gros faisant en moyenne 1000 factures dans un mois, ces 1000 factures, portées aux divers comptes, s'il y a 1000 personnes différentes, d'après la méthode ordinaire, c'est autant de sommes débitrices à relever à la balance.

Si le mois suivant on n'a pas été couvert de ces factures, soit par des remises ou des traites, et que l'on en fasse 1000 autres à de nouveaux clients, la balance devra faire mention de 2000 débits, ce qui ne laissera pas que d'être assez long.

Pour simplifier le travail on avisera d'une traite chaque client en lui remettant facture ; à la fin du mois on fera ces traites et on en passera écritures.

En ne relevant pas les comptes soldés comme il a été dit (82), la balance se bornera à indiquer les comptes généraux et quelques comptes particuliers seulement.

Ces traites, qu'on aura faites, resteront en portefeuille jusqu'à leur mise en circulation. Si quelque client réclame dans l'intervalle un rabais ou un changement d'échéance, on retirera la traite, on en débitera le client et on le créditera du rabais qu'il demande et du nouveau mandat qu'on fait sur lui, ou de sa remise s'il en fait une.

91.—Dans le cas où l'on fait erreur en passant un article au Journal, pour éviter une rature que la loi interdit, on passe l'article contraire, l'un balance l'autre, et l'on inscrit ensuite comme on aurait dû le faire d'abord.

92.—Pour la facilité des recherches au Grand-Livre, on peut indiquer par des lettres que telle somme se balance avec telle autre. S'il y a, par exemple, au débit une facture de 1000 fr. et au crédit un mandat d'égale somme tiré en couverture, on met devant chaque nombre la lettre A. Si deux autres sommes encore se balancent, on met devant chacune la lettre B, ainsi de suite.

Quelques Teneurs de livres réunissent plusieurs comptes sous le titre de Divers, balançant par les mêmes lettres les articles semblables, Débit et Crédit, relatifs à la même personne.

Rien n'est plus incommode que cette manière d'opérer, qui fait les recherches longues et en rend souvent les résultats incomplets. Elle est du reste opposée au but qu'on se propose en comptabilité qui est de faire voir du premier coup-d'œil les opérations qu'on a faites.

93.—La balance du mois de janvier étant faite et trouvée exacte (251 et 363) on prendra la suite des écritures.

DU 1ᵉʳ FÉVRIER

94.—JACQUIN, de Paris, me demande 2000 fr. à emprunter; n'ayant pas cette somme, je lui remets m. b. au 30 avril, et il me donne en couverture le sien d'égale somme à la même échéance.

Un effet entre en portefeuille, un billet est souscrit; Effets à Recevoir doivent être débités et Effets à Payer crédités. (252).

DU 2 FÉVRIER

95.—Mon père me donne ce jour, 6 balles laine peignée, ensemble 1000 kilos que j'estime valoir 9 fr. le kilo, fr. 9000

Un effet sur Marseille au 28 février. 2000

La traite de Kaufmann sur moi, laquelle j'avais acceptée 10000

En espèces... 2000

Une lettre de crédit sur Bouchard.................... 2000

Total........... 25000

Différentes valeurs sont reçues, les comptes qui les représentent doivent être débités; un bénéfice est acquis, Profits et Pertes devraient en être crédités, mais comme ce gain ne résulte pas d'affaires commerciales, il est mieux de le porter au compte de Capital (253-254).

DU 3 FÉVRIER

96.—Remis ce jour, à DESPREZ d'Orléans, pour solde de compte, 400 kilos de laine peignée à 10 fr. le kilo, fr. 4000. Desprez reçoit, il doit être débité. March. Gén. fournissent, elles doivent être créditées. (255).

DU 4 FÉVRIER

97.—DUBOIS, de Caen, cesse ses paiements; il offre 50 p. 0/0 à ses créanciers, payables 1/5 comptant et 1/5 chaque trimestre. J'accepte sa proposition et il me remet en espèces....   500

S. b. 30 avril.	500
— 31 juillet.	500
— 31 octobre.	500
— 31 janvier.	500
Total	2500

pour solde de compte à ce jour.

Des espèces et des effets sont reçus, Caisse et Effets à Recevoir doivent être débités; une perte de 2500 fr. est faite, P. et P. doivent en être débités. Ayant accepté le règlement de Dubois pour solde des 5000 fr. qu'il me devait, je dois le créditer de 5000 fr. (256-257).

DU 5 FÉVRIER

90.—J'assure ce jour, contre l'incendie, et pour un an seulement, les magasins qu'a loués à Paris JOSÉ PÉDRO, de Madrid. Ces magasins contiennent 100000 fr. de marchandises et je reçois comme prime 1000 fr.

Des espèces sont reçues, la Caisse doit être débitée; un bénéfice est fait, P. et P. doivent être crédités. (258).

DU 6 FÉVRIER

99.—Les magasins de JOSÉ PEDRO, que j'avais assurés hier, sont aujourd'hui détruits par le feu; la perte est évaluée à 60000 fr., et j'en donne couverture comme suit :

600 kilos laine peignée à 10 fr. le kilo	6000
Un effet sur Paris au 30 avril	20000
Un reçu à vue sur Bouchard	2000
Espèces	2000
M. b. 31 mai	30000
Total	60000

Une perte de 60000 fr. est faite, P. et P. doivent en être débités; March. Gén., Eff. à R., Bouchard, Caisse et Eff. à Payer, doivent être crédités des sommes qu'ils fournissent. (259-260).

DU 7 FÉVRIER

100.—Acheté ce jour, à JOSÉ PEDRO, de Madrid, 300 balles laine d'Espagne, ensemble 60000 kilos à 5 fr. le kilo, soit 300000 fr. Cet achat est fait en compte à 1/3 avec Marcel, de Rennes, et avec Durand, de Brest. Ils me remettent pour me couvrir de leur part de l'achat, le premier, sur Paris, au 30 avril, 100000 fr.; le second, sur Marseille, au 31 mai, 100000 fr.

Je remets moi même à José Pédro 300000 fr., m. b. au 30 juin pour solde.

Rien n'est plus difficile à passer que ce genre d'opérations, et il faut un soin tout particulier pour en suivre la marche convenablement. L'achat et la vente des marchandises en participation, les frais divers, magasinages, commissions, agios, rabais, etc., y relatifs, doivent figurer dans un compte à part. Un rabais passé par erreur au compte de P. et P. serait une perte que la maison subirait seule au lieu d'y faire participer ses co-intéressés, et par contre, une vente passée par March. Gén. leur ferait tort de leur part de cette vente.

En dehors du compte ouvert au Grand-Livre, on doit avoir un cahier d'entrée et de sortie pour la marchandise; ce cahier sert de pièce à l'appui, et sa concordance avec le Grand-Livre montre que les achats et les ventes ont été régulièrement passés.

Dans le présent article il faut débiter du montant de l'achat le compte de March. en Participation avec Marcel et Durand; Pédro étant soldé de suite il ne lui sera pas ouvert de compte, Effets à Payer seront crédités du billet souscrit. Deux valeurs sont reçues, Effets à Recevoir doivent être débités, Marcel et Durand, qui les fournissent, doivent être crédités, soit à leur compte courant ordinaire, soit à un compte spécial qu'on aura jugé convenable d'ouvrir pour ne pas mêler cette opération avec les autres.

On pourrait ici passer un Divers à Divers, mais cette manière ayant été suffisamment indiquée, l'opération présente sera divisée en deux articles, ce qui est plus clair pour les personnes qui n'ont pas la connaissance de la Tenue des Livres. Il ne suffit pas de comprendre soi-même ce qu'on a fait, il faut que tous le puissent saisir du premier coup-d'œil, et un Divers à Divers ne laisse pas que d'embrouiller un peu. (261-262).

DU 8 FÉVRIER

101.—Vendu à KAUFMANN, de Dresde, 100 balles laine d'Espagne du compte à 1/3, ensemble 20000 kilos à 8 fr. le kilo, soit 160000 fr.

Kaufmann achète, il doit être débité; le Compte à 1/3 fournit, il doit être crédité. (263).

DU 9 FÉVRIER

102.—Reçu ce jour, espèces, de BOUCHARD, pour solde, 17090 fr. Caisse reçoit, elle doit être débitée; Bouchard fournit, il doit être crédité. (264).

DU 10 FÉVRIER

103.—Payé ce jour, pour le Compte à 1/3, à LEVEQUE, pour son courtage sur l'achat qu'il a fait faire............ 3000

Ports divers............................... 1450

Magasinage d'un mois....................... 500

Pour-boire................................. 50

Ensemble............ 5000

La Caisse fournit, elle doit être créditée. Tous ces paiements étant pour le Compte à 1/3, il doit en être débité. (265).

DU 11 FÉVRIER

104.—Reçu de KAUFMANN, de Dresde, s. b. 10 juin, 100000

Espèces, solde.. 58000

Effets à Recevoir et Caisse reçoivent, ils doivent être débités.

Compte à 1/3 doit être débité du rabais de 2000 fr. fait à Kaufmann; ce dernier doit être crédité de la somme totale de 160000 fr. (266-267).

DU 12 FÉVRIER

105.—Payé ce jour, 60000 fr. espèces, droits d'entrée des 300 balles, Compte à 1/3. La Caisse fournit, elle doit être créditée; Compte à 1/3 doit être débité comme le serait March. Gén. si l'achat avait été fait pour la maison. (268).

DU 13 FÉVRIER

106.—Vendu ce jour, à DESPREZ, d'Orléans, 100 balles laine d'Espagne du Compte à 1/3, ensemble 20000 kilos, à 8 fr. 50 le kilo, fr. 170000, en paiement desquels il remet espèces.. 10000

Une traite sur Odessa au 30 avril...................100000

Un lot de 30000 kilos laine d'Odessa à 2 fr. le kilo, que mes co-intéressés veulent bien accepter en paiement.... 60000

Somme égale....... 170000

Desprez achète, il doit être débité; le Compte à 1/3 fournit, il doit être crédité; Desprez donne couverture, il doit être crédité.

Caisse, Effets à Recevoir et Compte à 1/3 reçoivent, ils doivent être débités. (269-270-274).

DU 14 FÉVRIER

107.—Négocié ce jour, chez LEON, banquier, l'effet de 100000 fr. sur Odessa; il retient 2000 fr. pour l'agio et verse le reste.

La Caisse reçoit, elle doit être débitée; une perte est subie, le Compte à 1/3 doit en être débité; Effets à Recevoir fournissent, ils doivent être crédités. (272-273).

DU 15 FÉVRIER

108.—MARCEL trouve le placement des 100 dernières balles du Compte à 1/3 à 8 fr. le kilo, valeur 29 avril. Ces balles pèsent net 19500 kilos, soit 156000 fr.

Il lui est alloué 1 o/o, commission de vente sur cette affaire.

Nota. La totalité des 300 balles a perdu 500 kilos, manque de poids, pour cause d'évaporation d'humidité; mes co-intéressés ayant apprécié, lors de l'achat, l'état de la marchandise, acceptent cette différence.

Marcel vendant pour le Compte à 1/3 doit être débité du montant de sa vente, moins la commission à laquelle il a droit.

Le Compte à 1/3 doit être crédité de cette somme. (274).

DU 16 FÉVRIER

109.—Voulant terminer nos comptes, MARCEL et DURAND m'offrent le lot de 30000 kilos de laine d'Odessa à 1 fr. 50 le kilo, prix net, valeur comptant, sans commission de vente. J'accepte leur proposition et m'applique ces marchandises.

J'achète, March. Gén. doivent être débitées; le Compte à 1/3 fournit, il doit être crédité. (275).

DU 16 FÉVRIER

110.—Toutes les marchandises du Compte à 1/3 étant vendues, il le faut clore en donnant à chacun ce qui lui revient.

3

La maison ayant fait deux ventes, l'une à Kaufmann de 160000
l'autre à Desprez de.............................. 170000

Ensemble...... 330000

elle doit être créditée par le débit du Compte à 1/3 de 1 o/o sur
cette somme, soit 3300 fr. pour commission de vente; l'achat
ayant été fait par un courtier, il n'est rien dû pour cela. (276).

Si la maison garantissait ses placements, la commission serait
plus forte. Du reste, tout cela est affaire de convention; quelquefois on alloue plus, quelquefois on alloue moins, c'est la difficulté
du placement qui règle le taux de la commission.

Un compte courant et d'intérêts doit être établi pour les opérations du Compte en participation. Les sommes du débit ayant été
fournies par la maison, il est juste que l'intérêt lui en soit payé;
la maison ayant touché toutes les sommes du crédit, elle en doit
par contre l'intérêt.

112.—Il y a quatre manières de faire ce compte :

1° La manière directe par les nombres;

2°   —   —   —   intérêts;

3°   —   rétrograde —   nombres;

4°   —   —   —   intérêts.

Voici un exemple de ces sortes de comptes qui servira en même
temps de modèle comme relevé d'opérations en participation.

113.—Soit prise d'abord la manière directe par les nombres, le
compte doit être établi comme au n° 366. Au débit, les deux premières colonnes indiquent la date des opérations, la troisième le
nombre de balles achetées, la quatrième le nombre de kilos, la
cinquième, la sixième, la septième et la huitième, les sommes, la
neuvième donne le détail des articles, la dixième et la onzième
l'époque de paiement des diverses sommes, la douzième le nombres de jours à courir de la date de l'opération à l'époque où le
compte est arrêté, et la treizième les intérêts représentés par des
nombres, comme il sera expliqué plus bas. Au crédit la réglure
est la même, les deux premières colonnes indiquent les dates, la
troisième les balles vendues, la quatrième les kilos, la cinquième,
la sixième, la septième et la huitième, les sommes, la neuvième
les détails, la dixième et la onzième les époques, la douzième les
jours à courir et la treizième les nombres.

Voici l'explication relative à cette dernière colonne :

114.—Il est de convention, dans le commerce et dans la banque, que l'année est de 360 jours au lieu de 365, et cela pour la plus grande facilité des calculs d'intérêts.

Si une somme de 100 fr. est placée au taux de 1 o/o elle rapportera 1 fr. en 360 jours.

à 2 o/o,	1 fr. en 180 j.	à 4 1/2 o/o,	1 fr. en 80 j.
à 3 o/o,	1 — 120	à 5 o/o,	1 — 72
à 4 o/o,	1 — 90	à 6 o/o,	1 — 60

115.—Soit donné à prendre l'intérêt d'une somme de 6000 fr. à 6 o/o pendant 24 jours.

On voit par le tableau ci-dessus qu'au taux de 6 o/o il faut 60 jours à 100 fr. pour rapporter 1 fr., c'est-à-dire la 100ᵉ partie du capital. Dans la question posée il s'agit d'une somme de 6000 fr., en 60 jours, elle rapportera la 100ᵉ partie, soit 60 fr.

On demande l'intérêt pour 24 jours au lieu de 60 ; ayant l'intérêt de 60 jours, on en prend la 60ᵉ partie, ce qui donne l'intérêt d'un jour, soit 1 fr., et on multiplie par 24, ce qui donne la somme demandée, qui est 24 fr. L'opération consiste donc :

1° à diviser la somme par 100 ;

2° à la diviser ensuite par 60 ;

3° à la multiplier par le nombre de jours qui est ici 24.

Au lieu de diviser d'abord par 100 et ensuite par 60 on peut diviser par 6000, ce qui revient au même.

116.—Chacun sait qu'au lieu de diviser par un nombre, puis de multiplier par un autre, on peut d'abord multiplier par ce dernier nombre et diviser ensuite par le premier sans changer le résultat.

Au lieu, dans cet exemple, de diviser par 100 et ensuite par 60, ou bien par 6000 en une seule fois, et de multiplier ensuite par 24, on multipliera d'abord par 24 et on divisera par 6000, faisant l'opération : $6000 \times 24 = 144000$

$$\frac{144000}{6000} = 24$$

On trouve bien le même nombre 24 pour l'intérêt demandé.

177.—Ayant à chercher l'intérêt de plusieurs sommes au même taux, on pourrait s'y prendre de même, mais on doit remarquer que dans chaque opération le produit de la somme indiquée, multipliée par le nombre de jours, doit être divisé par 6000; il est plus court de réunir ces différents produits en un seul et de ne faire qu'une division. C'est ce que l'on fait lorsqu'on établit un compte d'intérêts, seulement, comme les nombres que l'on trouve sont quelquefois très forts, on en néglige les deux derniers chiffres, et on ne divise leur total que par 60, ce qui revient au même.

118.—Lorsque l'on fait un compte d'intérêts à 6 o/o l'an, et qu'il y a des sommes au débit et au crédit, si le total des nombres du crédit est inférieur au total des nombres du débit; la différence, que l'on divise par 60, donne une balance d'intérêts que l'on porte au débit du compte.

Si, au contraire, les nombres créditeurs sont les plus forts, on en soustrait les nombres débiteurs; on divise la différence par 60 et on porte les intérêts que donne cette division au crédit du compte.

Au lieu d'avoir à prendre l'intérêt à 6 o/o, si on avait à le prendre à 5 o/o, on diviserait par 72 au lieu de 60,

à 4 1/2 o/o — 80 — —

à 4 o/o — 90 — —

Ce qui a été dit plus haut doit, du reste, le faire suffisamment comprendre.

On pourrait encore calculer l'intérêt à 6 o/o et retrancher

1/6 pour avoir l'intérêt à 5 o/o,

1/4 — — à 4 1/2 o/o,

1/3 — — à 4 o/o,

119.—Il s'agit maintenant de dresser le compte d'intérêts du Compte à 1/3.

Au premier article une difficulté se présente, l'achat est fait payable 30 juin et le compte doit être arrêté au 16 février.

Si l'achat avait été payé le 7 février, date du jour où il a été fait, il est clair que la maison devrait être créditée de l'intérêt du 7 février au 16, mais elle ne paiera qu'en juin, et elle aura encore en maniement la somme cent-trente-quatre jours après la date d'arrêté de compte; elle doit donc au Compte à 1/3 l'intérêt de ces cent-trente-quatre jours.

La colonne des nombres du débit étant destinée à représenter les intérêts qui sont dûs à la maison, pour ne pas confondre l'intérêt dont il s'agit, qu'elle doit, et le mettre cependant en regard de la somme, on inscrit à l'encre rouge les 134 jours et le nombre 402000 que l'on trouve. Ce nombre devra être porté au bas du compte sous les nombres du crédit pour être additionné avec eux.

120.—Le deuxième article est simple, 5000 fr. ont été payés le 10, il y a 6 jours à courir, ce qui donne le nombre 300.

Le troisième article est un rabais, il est inutile d'en tirer l'intérêt; on subdivisera au crédit la vente en trois parties, la somme réglée, la somme payée et le rabais; cette dernière somme se balancera au débit et au crédit.

Le quatrième article donne: jours 4, nombre 2400.

Le cinquième se balance avec même somme au crédit.

Le sixième est un agio, on agira de même qu'au 3e article.

Le septième est la commission allouée à la maison, il n'y a pas d'intérêts à compter, et on mettra le mot Epoque dans la colonne des jours.

121.—Prenant maintenant les sommes du crédit: il y a d'abord 160000 fr. pour vente à Kaufmann; cette somme a été réglée:

1o En un billet de 100000 fr. sur Dresde, au 10 juin. (La maison serait en droit de réclamer un change de place qu'elle porterait au débit du Compte à 1/3, mais elle est censée avoir accepté cette valeur comme un billet de ville).

2o En un versement de 58000 fr. le 11 février;

3o En un rabais de 2000 fr.

Le billet de 100000 fr. échéant le 10 juin, il a 114 jours à courir de plus que l'époque d'arrêté de compte. La maison soldant ses intéressés le 16 février et ne devant toucher elle-même cette somme que le 10 juin, il est juste que l'intérêt du 16 février au 10 juin lui soit alloué. La colonne des nombres du crédit représentant les intérêts dûs au Compte à 1/3 par la maison, on devra faire comme au premier article du débit, mettre à l'encre rouge les 114 jours et le nombre 114000 qu'ils produisent; ce nombre devra être additionné avec ceux du débit.

Les 58000 fr. d'espèces ont jours 5, et nombre 2900.

Les 2000 fr. de rabais se balancent avec la même somme du débit. Pour abréger, on pourrait ne porter que 158000 fr. au crédit, sans tenir compte de ces 2000 fr. de rabais.

122.—L'article suivant est une vente de 170000 fr. faite à Desprez d'Orléans; cette somme ayant été réglée comme suit:

10000 fr. espèces le 13 février.

100000 fr. en un effet sur Odessa, négocié le 14 février pour la somme nette de 98000 fr. et 60000 fr. en marchandises.

Le Compte à 1/3 doit être crédité de trois jours d'intérêts sur 10000 fr. et de deux jours sur 98000 fr. Les 2000 fr. d'agio se balancent avec même somme au débit.

Les 60000 fr. ne doivent produire intérêt ni au débit ni au crédit, cette somme n'étant sortie du magasin que pour y rentrer en une autre nature de marchandise ; c'est un simple échange, rien de plus.

123.—Le troisième article est une vente faite à Marcel, valeur 29 avril, qui donne jours 72, nombre 111196, que l'on marque à l'encre rouge.

Ainsi qu'on le voit, les balles et les kilos sont portés dans des colonnes spéciales; ces colonnes n'existent naturellement pas dans les comptes courants ordinaires.

Le manque de poids doit être noté afin que la même quantité de marchandise se trouve au débit et au crédit.

Les comptes courants ordinaires offrent moins de difficultés qu'il ne s'en présente ici ; les comptes en participation seuls demandent autant de soins et de recherches.

124.—Le quatrième article est mon achat des 30000 kilos laine d'Odessa; les prenant le 16 février, valeur comptant, il n'y a pas d'intérêt à tirer.

125.—Ayant ainsi porté les nombres, tant au débit qu'au crédit du compte, on tire la différence entre le total des nombres rouges du crédit et celui du débit, cette différence est ici de 176804 en faveur de ce dernier, il faut la porter sous les nombres du crédit et additionner tant ceux-ci que ceux du débit. Les nombres du crédit dépassant de 179264 les nombres du débit, cette différence doit être portée sous les nombres du débit pour que les deux additions soient semblables.

126.—Ceci fait, on divise par 60 le nombre 179264, on trouve 2987, 73 qui sont l'intérêt que la maison doit au Compte à 1/3 ; cette somme doit être portée au crédit du compte par le débit de P. et P. (277).

Additionnant ensuite les sommes du débit et celles du crédit, on trouve en faveur de ces dernières une différence de 90127 fr.

73, qui est le bénéfice. On débite le Compte à 1/3 de cette somme, dont on crédite par tiers chacun des intéressés, et le compte est clos. (278).

127.—Les sommes du débit balancent avec celles du crédit, et les nombres de gauche avec ceux de droite. Pour le coup-d'œil et une plus grande régularité, ces différents totaux sont mis en regard les uns des autres.

128.—Si ce compte était celui d'un particulier soldant par un crédit de 90127 fr. 73, on mettrait au débit, à côté de cette somme : Solde créditeur, valeur 16 février 1863.

Le compte arrêté, les lignes tirées, on porterait à nouveau au crédit cette même somme suivie de la même indication.

129. —Lorsque l'on envoie copie d'un compte on met généralement au bas la formule suivante :

Sauf erreur ou omission,

Certifié conforme à mes livres.

On date et on signe.

130.—Voici maintenant la deuxième manière d'établir un compte : celle directe par les intérêts. (367).

Soit donné le Compte à 1/3 que l'on vient de voir. Autrefois pour trouver l'intérêt de chaque somme on aurait divisé chaque nombre par 60, 72, 80 ou 92, suivant le taux, ce qui est plus long que de tirer la balance des nombres. Aujourd'hui on a un moyen infiniment plus prompt, que l'on désigne sous le nom de calcul par les parties aliquotes : il est simple comme en général tout ce qui est bon. Voici en quoi il consiste :

Prenant le premier calcul, il est demandé l'intérêt de 300000 fr. pendant 134 jours à 6 o/o, on tiendra le raisonnement suivant :

134 fr. pendant 300000 jours donneraient le même intérêt que 300000 fr. pendant 134 jours.

$$\frac{X \times 134 \times 300000}{300000 \times 134} = X$$

Car soit X, l'intérêt demandé, s'il était à prendre sur 1 fr. au lieu de 300000, il serait de 300000 fois moins fort, et pour 134, 134 fois plus. Si le nombre de jours à courir était de 1 au lieu de 134, il serait 134 fois moins fort et pour 300000, 300000 fois plus.

Multiplier un nombre successivement par deux sommes et le

diviser ensuite par ces mêmes sommes, quoique en les intervertissant, cela ne change en rien la valeur de ce nombre.

Prenant quatre zéros à 300000 et les reportant à 134, 1340000 fr. pendant 30 jours donneraient aussi le même intérêt que 134. fr. pendant 300000, comme on peut s'en convaincre par un raisonnement analogue à celui ci-dessus.

La question ainsi posée : Trouver l'intérêt de 1340000 f. pendant 30 jours est très facile à résoudre.

En 60 jours 100 fr. donnent 1 fr., c'est-à-dire la 100ᵉ partie de 100 fr.; dans le même temps 1340000 fr. donneront 13400 fr. qui sont la 100ᵉ partie de 1340000 fr. En 30 jours, au lieu de 60, ils donneront moitié moins, soit 6700 fr., qui sont bien l'intérêt demandé de 300000 fr. pendant 134 jours.

$$\text{fr. } 13400,00 = 60 \text{ jours d'intérêts.}$$
$$6700 = 30 \quad —$$

Si l'on voulait avoir ici l'intérêt à 5 o/o, on opérerait de même et on retrancherait 1/6 de 6700 fr.

à 4 1/2 o/o on retrancherait 1/4 de 6700 fr.

à 4 o/o ou retrancherait 1/3 de 6700 fr.

ou bien, dans ce dernier cas, on dirait ceci : 1340000 fr. donnent 13400 fr. en 90 jours; en 30 jours ils donneront 3 fois moins, puisque 30 est le tiers de 90. A 3 o/o, connaissant l'intérêt à 6 o/o, on en prendrait la moitié.

L'habitude de calculer par les parties aliquotes donne une incroyable habileté, et tel qui mettrait une heure à prendre des intérêts par les nombres ne met guère que dix minutes par cette nouvelle manière.

131.—Le deuxième calcul est facile : il est demandé l'intérêt de 5000 fr. pendant 6 jours; on trouve cet intérêt en mettant une virgule avant les trois derniers chiffres et l'on a le nombre 5 pour réponse.

$$100 \text{ f. en } 60 \text{ jours donnent } 1 \text{ fr.,}$$
$$5000 \text{ f. en } 60 \quad — \quad \text{donneront } 50 \text{ fr.}$$

5000 f. en 6 jours, qui sont la dixième partie de 60 jours, donneront 5 f. qui sont la dixième partie de 50 f.

En mettant la virgule avant les deux derniers chiffres de 5000 on divise ce nombre par 100 et l'on a l'intérêt de 60 jours qui est 50 fr. Pour prendre la dixième partie de ces 60 jours, soit 6 jours, on recule encore la virgule d'un rang et l'on a le nombre 5 qui est l'intérêt demandé.

Pour avoir l'intérêt à 5, 4 1/2, 4 et 3 o/o, on opérerait comme il a été dit dans l'article précédent.

132.—Le troisième calcul est assez simple : Il est demandé l'intérêt de 60000 fr. pendant 4 jours. Prenant trois zéros au nombre 60000 et les reportant sur le nombre 4, puis, intervertissant la question comme on a vu plus haut qu'on pouvait le faire, le problème devient celui-ci :

Quel est l'intérêt de 4000 fr. pendant 60 jours ?

Retranchant deux zéros du nombre 4000 on aura 40 pour réponse.

Pour trouver l'intérêt à 5 o/o on retrancherait le 6e de 40.

—	—	à 4 —	—	1/3 —	
—	—	à 3 —	—	1/2 —	

— — à 4 1/2 o/o on retrancherait trois zéros du nombre 60000 et on prendrait la 1/2 de 60, nombre trouvé ; 30 est la réponse, car 60000 fr. à 4 1/2 o/o donnent 600 f. en 80 jours, en 8 jours, 10 fois moins, soit 60 fr., et en 4 jours, au lieu de 8, moitié moins encore, soit 30 fr.

133.—Passant maintenant aux calculs du crédit, le premier est celui-ci : il est demandé l'intérêt de 100000 fr. pendant 114 jours. Il y a deux manières de résoudre ce problème, voici la première :

100000 fr. donnent en 60 jours 1000 fr. et en 120 jours 2000 fr. Il est demandé l'intérêt de 114 jours, ayant l'intérêt de 120 jours, on a donc 6 jours d'intérêts de trop ; 1000 fr. étant l'intérêt de 60 jours, 100 fr. sont l'intérêt de 6 jours. Retranchant 100 fr. de 2000 fr. on a 1900 fr. pour réponse.

Voici la seconde : Prenant quatre zéros au nombre 100000 et les reportant au nombre 114, puis intervertissant la question on a le problème suivant :

Quel est l'intérêt de 1140000 fr. pendant 10 jours ?

L'intérêt de cette somme, pendant 60 jours, est de 11400 fr.; l'intérêt pendant 10 jours sera 6 fois moins fort ; prenant la sixième partie de 11400 fr. on trouvera 1900 fr. qui sont la réponse.

134.—Le deuxième calcul : On demande l'intérêt de 58000 fr. pendant 5 jours, se fait ainsi :

On retranche trois zéros, ce qui donne l'intérêt de 6 jours, soit fr. 58

de cette somme on retire le 6ᵉ 9,66

et il reste 48,34 qui sont l'intérêt demandé.

135.—Le troisième calcul: On demande l'intérêt de 10000 fr. pendant 3 jours, se fait ainsi :

On retranche trois zéros, ce qui donne l'intérêt de 6 jours, 10 fr. sont cet intérêt; on en prend la moitié et l'on a 5 fr. pour l'intérêt de 3 jours.

136.—Le quatrième calcul: l'intérêt de 98000 fr. pendant 2 jours se fait à peu près de même; on retranche trois zéros pour avoir l'intérêt de 6 jours, on prend le tiers de la somme trouvée et l'on a la réponse. 98 fr. sont l'intérêt de 6 jours, 32,67 l'intérêt de 2 jours.

137.—Le cinquième calcul: l'intérêt de 154440 fr. pendant 72 jours se fait en ajoutant à 1544,40, l'intérêt de 60 jours, le cinquième de cette dernière somme, fr. 308,88, les 12 jours manquant pour faire 72, étant la cinquième partie de 60; et l'on a pour réponse fr. 1853,28.

On pourrait encore tenir ce raisonnement: 154440 fr. à 5 o/o, pendant 72 jours, donnent 1544,40, à 6 o/o ils donneront 1/5 en plus.

Pour avoir l'intérêt à 4 1/2 o/o, 1544,40 étant l'intérêt de 80 jours on en retrancherait la dixième partie, qui est l'intérêt de 8 jours, et il resterait l'intérêt de 72 jours demandé. On pourrait encore multiplier par 9, fr. 154,44 qui sont l'intérêt de 8 jours et l'on aurait le même résultat.

Pour avoir l'intérêt à 4 o/o, fr. 1544,40 étant l'intérêt à 5 o/o on retrancherait 1/5ᵉ ou bien on multiplierait par 8, fr. 154,44, l'intérêt de 9 jours.

Pour avoir l'intérêt à 3 o/o on triplerait 1544,40 et on prendrait la cinquième partie, ou mieux encore on multiplierait par 6, fr. 154,44 qui sont ici l'intérêt de 12 jours.

Tous les intérêts étant tirés, en les balançant comme il a été indiqué précédemment, on voit qu'on arrive au même résultat.

138—Il reste encore 2 façons d'établir un compte: la manière rétrograde par les nombres et la manière rétrograde par les intérêts; elles ont le même rapport entre elles que les deux manières directes. Elles sont dites rétrogrades parce qu'au lieu de calculer l'intérêt à courir de l'échéance de chaque somme à l'époque de l'arrêté de compte on calcule l'intérêt de la plus ancienne date du compte à l'échéance de chaque somme.

Le but qu'on se propose en calculant ainsi les intérêts à l'inverse est d'amener toutes les sommes à avoir la même échéance, afin qu'en additionnant celles du débit d'une part et celles du crédit d'autre part, on n'ait qu'à prendre l'intérêt de leur différence pendant le nombre de jours à courir de l'échéance commune à l'époque de l'arrêté de compte.

Prenant encore comme exemple le Compte à 1/3 (368), le compte commençant le 7 février et étant arrêté le 16, il s'agit d'amener toutes les sommes à avoir la valeur du 7 février, de manière qu'on n'ait plus qu'à dire : Il y a au débit f. 432300, au crédit f. 529440. Différence f. 97140 en faveur du crédit sur laquelle il est dû l'intérêt du 7 au 16 février.

La première somme au débit est fr. 300000, valeur 30 juin, en la comptant valeur du 7 février on crédite la maison de 143 jours d'intérêts de trop, au détriment du Compte à 1/3. Pour rétablir l'équilibre on devra créditer le Compte à 1/3 de ces 143 jours d'intérêts. Il résulte de ce raisonnement que les intérêts pris sur les sommes du débit, et que l'on met en regard de ces sommes, sont en faveur du crédit du compte et *vice versa*.

139.—Il est donné ici seulement exemple d'un compte rétrograde par les intérêts, et sur le vu de ce compte et après les diverses explications ci-dessus, on pourrait, sans difficulté, établir au besoin un compte rétrograde par les nombres.

Les renseignements qui viennent d'être fournis sur les parties aliquotes suffisant pour faire connaître la marche à suivre afin de prendre les intérêts, on pourra trouver facilement, sans nouvelles indications, la manière de calculer ceux qui suivent.

140.—La deuxième somme est 5000 fr., valeur 10 février, en la comptant valeur du 7, on crédite encore la maison de trois jours d'intérêts de trop. On tirera donc l'intérêt de 5000 fr. pendant trois jours et on portera également cet intérêt au crédit du Compte à 1/3. La troisième somme, 60000 fr., valeur 12 février, a, du 7 au 12, cinq jours à courir. La quatrième somme, 3300 fr, du 7 au 16, 9 jours, le Compte à 1/3 sera de même crédité de l'intérêt de ces deux sommes.

141.—Passant à l'Avoir du compte, le raisonnement sera le même en sens inverse.

Le négociant a vendu d'abord 100000 fr., valeur 10 juin; s'il tient compte de cette vente, valeur 7 février, il se fait tort de 123 jours d'intérêt. Il faut donc prendre l'intérêt de ces 123 jours et le porter au débit du Compte à 1/3.

La 2ᵉ somme du 7 février au 11, a 4 jours à courir.

3ᵉ	— 7 —	13, a 6	—
4ᵉ	— 7 —	14, a 7	—.
5ᵉ	— 7 —	29 avril, a 81 jours à courir.	
6ᵉ	— 7 —	16 février, a 9	—

On prendra les intérêts de toutes ces sommes et on en débitera le Compte à 1/3.

Tous ces intérêts étant portés, il en résulte, ainsi qu'on le voulait (138), que toutes les sommes, tant au débit qu'au crédit, ont l'échéance ou valeur commune du 7 février. Additionnant le débit et le crédit, la maison a fourni au Compte à 1/3 432300 fr., elle en a reçu 529440, différence fr. 97140 en faveur du crédit; la maison doit donc au Compte à 1/3 9 jours d'intérêt sur ces 97140 fr. On portera en conséquence cet intérêt au crédit du compte.

Additionnant ensuite à gauche du compte les intérêts du crédit et à droite les intérêts du débit, on trouvera au crédit une somme de 7356 fr. 16 c. qui est supérieure à fr. 4365,43, les intérêts du débit, de f. 2987,73, différence pareille à celle trouvée par les deux premières manières, et on clora le compte comme il a été déjà indiqué.

142.—Les manières rétrogrades ont sur les manières directes deux avantages, on n'a pas à tirer de nombres rouges et on peut arrêter les comptes à n'importe quelle époque. Ce dernier est surtout apprécié des banquiers qui préparent leurs comptes longtemps à l'avance et qui perdraient beaucoup de temps à refaire le travail, si leurs comptes étant calculés par l'une des manières directes, on leur demandait de les arrêter à une autre époque que celle qu'ils auraient choisie.

143.—Il est une chose à remarquer, c'est qu'en banque, lorsque l'on prend à l'escompte une valeur, on calcule l'intérêt de la somme pendant le nombre de jours à courir et que l'on déduit de suite cet intérêt. Cette manière, usitée partout, est loin d'être rationnelle ; on devrait chercher la somme qui, placée pendant le nombre de jours à courir, donnerait capital et intérêts le montant de la valeur.

Plus une somme a de jours à courir plus il est désavantageux de la faire escompter, un exemple va le faire comprendre :

Soit à négocier une somme de 1000 fr. à 5 o/o, ayant un an à courir, et la même somme payable dans vingt ans. La somme que l'on devrait donner dans le premier cas serait 952 fr. 38 c. qui, à 5 o/o, donneraient 1000 fr. capital et intérêts.

Dans le second cas, la somme à donner serait 500 fr. qui, placés à 5 o/o pendant vingt ans, sans qu'il soit pris, bien entendu, l'intérêt des intérêts, donneraient, capital et intérêts, la somme de 1000 fr. Déduisant de suite, comme on le fait, l'intérêt de 1000 fr. on ne trouvera, pour sommes à donner, que 950 fr. dans le premier cas et zéro dans le second.

144.—Quelques Teneurs de livres ont une autre manière de passer écritures des opérations relatives aux comptes en participation que celle qui vient d'être indiquée, mais elle n'est pas aussi rationnelle. Voici en quoi elle consiste :

Soit donné le Compte que l'on a vu. On débiterait chaque associé de sa part de l'achat, le Compte à 1/3 serait débité de la part de la maison et des différents frais; on créditerait le Compte à 1/3 du montant des ventes et les intéressés de leurs versements. Les ventes terminées, on créditerait les associés de leur part de l'achat dont ils auraient été primitivement débités et on les créditerait en outre de leur part de bénéfice.

Cette manière a deux inconvénients, le premier, c'est que les intéressés se trouvent débités de sommes qu'ils ne reçoivent pas. Ils doivent fournir des sommes, c'est vrai, mais parce qu'ils se sont engagés à faire un versement il ne s'en suit pas qu'ils en *doivent* le montant; on ne doit que lorsque l'on a reçu ou que l'on s'est engagé, non pas à prêter mais à donner.

Le deuxième, c'est que le Compte à 1/3 débité seulement d'une partie des marchandises achetées ne saurait représenter convenablement l'entrée et la sortie des marchandises, les 3/3 devant être portés vendus avant que les deux derniers tiers de l'achat soient inscrits.

145. —Les comptes en participation peuvent se présenter encore sous trois autres points de vue que celui indiqué où la maison est chargée de l'achat et de la vente.

Elle peut être chargée de l'achat seulement ; elle peut être chargée de la vente seulement ; elle peut n'être chargée ni de l'achat ni de la vente.

146. —Lorsque la maison n'est chargée que de l'achat, on débite le compte en participation des sommes versées, tant pour l'achat que pour les frais. Lorsque les marchandises sont vendues on débite celui qui a été chargé de la vente du produit total de cette vente par le crédit du compte en participation, on solde par P. et P. et par le compte des intéressés.

Si la maison n'était pas chargée de la répartition des bénéfices on débiterait le vendeur du montant de l'achat et de la part de bénéfice revenant à la maison par le crédit du compte en participation, et on solderait ce dernier compte par P. et P.

Si le vendeur était chargé de rembourser les sommes versées par les intéressés on débiterait ces derniers de leur mise et le vendeur serait débité d'autant en moins.

147. —Lorsque la maison n'est chargée que de la vente, on crédite le compte en participation du montant des ventes et on le débite des frais y relatifs ; on le débite encore du montant de l'achat et des frais dont on crédite l'intéressé chargé de l'achat. Le compte est soldé par P. et P. et par le compte de l'intéressé acheteur qui fait la répartition du bénéfice restant entre les autres intéressés.

Si la maison faisait elle-même la répartition on porterait au compte de chaque intéressé sa part du résultat. Si elle se chargeait de rembourser les sommes avancées à l'acheteur par les autres intéressés, au lieu de créditer l'acheteur du montant total de l'achat, on créditerait chaque intéressé de sa mise.

148. —Lorsque la maison n'est chargée ni de l'achat ni de la vente on débite le compte en participation des sommes que l'on verse au lieu d'en débiter l'acheteur, on le crédite des sommes remboursées après l'opération, et on solde par P. et P.

DU 17 FÉVRIER

149. —Reçu de JOSÉ PÉDRO, de Madrid, 200 balles de laine d'Espagne, pesant ensemble net 50000 kilos qu'il charge la maison de vendre pour son compte au minimum de 4 fr. le kilo pris en entrepôt, moyennant une commission de 5 o/o..

A titre d'avance sur ces marchandises, il est accepté une traite de lui de fr. 100000 au 5 mars.

On pourrait ouvrir un compte que l'on intitulerait Marchandises de José Pédro; ce compte serait débité de toutes avances, commissions et débours, et crédité des comptes de vente remis; on le solderait par le compte courant de José Pédro, mais il est plus simple de porter ces divers articles directement au compte courant.

Dans le présent article on débitera donc José Pédro par le crédit d'Effets à Payer. (279).

DU 18 FÉVRIER

150.—Vendu à DURAND, de Douai, 100 balles de laine d'Espagne, appartenant à José Pédro; ces balles pesant ensemble net 25000 kilos à 4 fr. le kilo, soit fr. 100000 fr. Durand devra être débité de cette vente par le crédit de March. Gén. (280).

Si l'on avait ouvert un compte de Marchandises de José Pédro on pourrait, si on le jugeait convenable, créditer ce compte par le débit de Durand.

DU 19 FÉVRIER

151.—Payé ce jour, pour frais de magasinage, manutentions, échantillonnages, pesages, etc., des 200 balles de José Pédro, la somme de fr. 500.

Ces frais ayant été payés pour le compte de José Pédro, il doit en être débité. (281).

DU 20 FÉVRIER

152.—La maison s'appliquant les 100 balles de laine d'Espagne restantes, appartenant à José Pédro, lui remet compte de vente de la totalité de son dépôt. Ensemble 50000 kilos à 4 fr. le kilo,

soit.. 200000
à déduire commission 5 o/o 10000

reste net...................... 190000

Par le fait, la maison achète pour une somme de 190000 fr., March. Gén. doivent en être débitées et José Pédro crédité. (282).

DU 21 FÉVRIER

153.—Envoyé ce jour, à l'entrepôt de Rennes, à la disposition de MARCEL, les 100 balles de laine d'Espagne venant de José

Pédro; ces balles devront être vendues par Marcel au mieux des intérêts de la maison.

On ouvrira un Compte à ces Marchandises sous le titre de Marchandises chez Marcel, et on le débitera du montant net de l'achat qui est de fr. 95000.

On pourrait créditer March. Gén. de cette somme, mais voulant considérer le crédit de March. Gén. comme le total des ventes faites, on ne serait plus dans le vrai. Il est donc mieux d'ouvrir un autre compte auquel on donnera, par exemple, le nom de: Consignations, et on le créditera de f. 95000 (283) Ce compte remplacera provisoirement celui de March. Gén., comme le compte de Bordereaux a servi plus haut à remplacer le compte de Bouchard. (72).

DU 22 FÉVRIER

154.—Acheté ce jour, un terrain à Saint-Ouen, près Paris, de 100000 mètres. Payé au notaire, pour achat et frais d'acte, fr. 109000.

Cette acquisition n'étant pas pour la maison une affaire commerciale ordinaire, on ouvrira un compte au terrain acheté, et on créditera Caisse de la somme versée. (284).

DU 23 FÉVRIER

155.—Acheté à BRINDEAU, du Hâvre, le navire l'Hirondelle, de 3000 tonneaux, pour fr. 100000, qui lui sont réglés en un effet de même somme, sur Dresde, au 10 juin.

On ouvrira un compte au Navire l'Hirondelle et on le débitera par le crédit d'Effets à Recevoir du montant de l'achat. (285).

DU 24 FÉVRIER

156.—Reçu ce jour, de MARCEL, de Rennes, son compte de vente aux 100 balles laine d'Espagne, à lui remises en dépôt, montant net à fr. 100935,91.

Marcel remettant compte de vente devient débiteur, son compte courant devra être débité par le Crédit de son Compte de Dépôt du montant dudit compte de vente. Le Compte de dépôt devra être débité de fr. 5935,91, bénéfice fait, par le crédit de Consignations; ce dernier compte, dont le crédit montera à 100935,91, sera soldé par le crédit de March. Gén. (286-287-288).

A la suite de ces diverses écritures, les deux comptes Marchandises chez Marcel et Consignations, se trouvant balancés, le compte dé Marcel se trouvera débité et le compte de March. Gén. crédité comme si une simple vente avait été faite.

On pourrait ne pas ouvrir de compte de Dépôt et se contenter de débiter le dépositaire lors de la réception des comptes de vente; dans ce cas, les marchandises envoyées seraient considérées comme existant en magasin et seulement inscrites sur un livre spécial qui en indiquerait l'envoi et la sortie définitive.

DU 25 FÉVRIER

157.—Reçu de MARCEL, de Rennes, s. r. pour solde, de fr. 130000, au 25 mai prochain.

Effets à Recevoir doivent être débités par le Crédit de Marcel. (289).

DU 26 FÉVRIER

158.—Chargé ce jour, sur le navire l'Hirondelle, 1000 pièces de vin de Bordeaux, que fournit BERTHIER, du Hâvre, à raison de 100 fr. la pièce. Réglé ledit Berthier en un effet sur Paris au 30 avril.

On pourrait débiter March. Gén. de cet achat, mais comme en général on aime à se rendre compte séparément de ces sortes d'opérations, on ouvrira un compte intitulé : Cargaison du Navire l'Hirondelle, et on le débitera par le crédit d'Eff. à R. (290).

DU 27 FÉVRIER

159.—Négocié ce jour, à MARTIAL, banquier de cette ville, fr. 100000, Marseille, 31 mai. Reçu pour solde de ce bordereau fr. 98500.

Envoyé à LEBLANC, capitaine du navire l'Hirondelle, fr. 10000 espèces, qu'il devra employer en achats de vivres, réparations au bâtiment, ou tous autres frais qui pourront survenir.

Une négociation est faite, Caisse et P. et P. doivent être débités, Eff. à R. crédités. (291).

Le navire étant une valeur qui doit rapporter, il est bon d'ouvrir un compte aux frais qu'il occasionne et aux sommes qu'il rapporte. Nommant ce compte Armement du Navire l'Hirondelle, on le débitera par Caisse de la somme envoyée. (292).

DU 28 FÉVRIER

160.—Prélevé ce jour, pour frais divers............ 1800
Dépenses de maison.............................. 700

Total............... 2500

4

Frais Généraux et Dépenses de maison doivent être débités par le Crédit de Caisse. (293).

161.—Les écritures de Février étant portées, on procédera à la Balance mensuelle comme il a été dit (82), en balançant les Comptes soldés et en ne relevant que les autres (364).

Cette balance étant trouvée exacte en continuera les écritures.

162.—Soit maintenant donné à faire l'Inventaire, on passera par P. et P. le montant des comptes de F. Gén. et de Dépenses de Maison. (294).

On fera le relevé des marchandises existant en magasin, que l'on estimera à leur prix d'achat, sauf le cas de dépréciation; ces marchandises sont les suivantes :

10000 kilos laine en suint, coûtant.		15000
564000 — de Buénos-Ayres, coûtant...		1760000
30000 — d'Odessa.		45000

Total...	1820000
Il a été acheté pour	2532140 »
Il a été vendu pour	830185 91

Différence.... 1701954 09

Cette somme serait la valeur de ce qui est en magasin si l'on avait vendu à prix coûtant; comme l'on a une plus-value de fr. 118045,91, il s'en suit que c'est le bénéfice fait sur les ventes : il est appelé *bénéfice brut*, les pertes diverses devant en être déduites; on créditera P. et P. de fr. 118045,91 par le débit de March. Gén. (295).

Faisant ensuite l'addition du Débit et l'addition du Crédit du compte de P. et P. on trouvera au Débit fr. 71867,73 et au Crédit fr. 159931,82. Prenant la différence de ces deux sommes on aura fr. 88064,09 en faveur du Crédit. Cette dernière somme est le *bénéfice net*, on en créditera le compte de Capital par le débit du compte de P. et P. qui se trouvera soldé. (296).

Les comptes de Frais Gén., Dépenses de Maisons et P. et P., seront balancés au Grand-Livre comme les autres comptes soldés.

163.—Il est d'usage, lorsque l'on fait un inventaire, de tirer les soldes Débiteurs et les soldes Créditeurs de tous les comptes ouverts; ces différents soldes servent à établir le *Bilan*, c'est-à-dire l'Etat de ce que la maison doit et de ce qui lui est lui dû.

164.—Cet Etat doit être porté parfaitement détaillé sur un livre spécial destiné aux Inventaires. On y inscrit le nom de tous les Comptes Débiteurs et le nom de tous les Comptes Créanciers en portant ce que les premiers restent devoir et ce qui est dû aux seconds. On doit y détailler les Effets qui restent en portefeuille, ceux que l'on doit payer, et les marchandises que l'on a en magasin.

Si l'on a adopté la méthode conseillée ici de ne pas ouvrir de Comptes aux fournisseurs, et qu'il soit dû quelque chose en dehors des écritures passées, on portera les sommes dues après les marchandises en magasin et on les en déduira. L'existence en magasin sera censée n'être que de la différence.

S'il se trouve que les sommes dues dépassent l'existence en magasin, cas bien rare, au lieu d'avoir un solde Débiteur au compte de March. Gén., on aura un solde Créditeur.

165.—La Tenue du Livre d'Inventaires est prescrite par la loi.

166.—Beaucoup de Teneurs de livres, pour arriver à tirer les soldes Débiteurs et les soldes Créditeurs du Grand-Livre, ouvrent un Compte de Balance de Sortie et un Compte de Balance d'Entrée. Le premier est débité de toutes les sommes restant dues à la maison par le crédit des Débiteurs, et crédité de toutes les sommes que la maison reste devoir par le débit des Créanciers; ceci fait, tous les comptes se trouvent soldés et on les balance par lignes. Le second sert ensuite à faire l'opération contraire : les comptes qui ont été débités par Balance de Sortie sont crédités par Balance d'Entrée et ceux crédités par Balance de Sortie débités par Balance d'Entrée. Les écritures nouvelles partent de cette seconde opération.

167.—Ces deux comptes de Balance de Sortie et de Balance d'Entrée sont parfaitement inutiles; on peut, si l'on tient à passer au Journal la fermeture et la réouverture des comptes, se contenter de passer deux articles de Divers à Divers. Dans le premier, les comptes débiteurs seront crédités de ce qu'ils restent devoir par le Débit des Créanciers qui seront chacun débités de ce qui leur reste dû. Dans le second, les débiteurs seront débités de ce qu'ils restent devoir par le Crédit des Créanciers qui seront chacun crédités de ce qui leur reste dû.

168.—Du moment qu'on a un livre d'Inventaires on peut s'éviter de porter au Journal la fermeture et la réouverture des comptes, on tire simplement les soldes au Grand-Livre, cela suffit.

169.—Ayant fait cette opération, on établit le Bilan ci-contre, qui ressort de l'état du Grand-Livre. Il est tel qu'il doit être porté au livre d'Inventaires, il en ressort que le Capital est actuellement de fr. 213064,09.

170.—Une maison dont le bilan n'a pas beaucoup de détails peut, sans contrevenir à la loi, supprimer le livre d'Inventaires, en portant ce qu'elle y aurait fait figurer au Journal.

DU 1er MARS

171.—Reçu ce jour avis de la Compagnie Maritime du Hâvre, que les Navires le *Wasington* et le *Vengeur* ont péri corps et biens. Ladite Compagnie, outre ce sinistre, ayant éprouvé d'autres pertes considérables, ne peut tenir ses engagements et m'offre 50 o/o de ma créance sur elle. J'accepte sa proposition et elle me remet en échange de ma police acquittée,

m. b. à s. o. au 31 màrs...................... 51000
Espèces................................ 795000

Total..... 846000

Somme égale aux 50 o/o de fr. 1692000, la somme assurée.

Un effet à payer et des espèces sont reçues, une perte est éprouvée, Effets à payer, Caisse et P. et P. doivent être débités, March. Gén. doivent être créditées comme si une vente de fr. 1692000 avait été faite. (297).

La différence de fr. 68000, entre la somme réglée et celle de 1760000 fr. portée à l'inventaire, restera provisoirement au débit de March. Gén. comme perte sur une vente. Pour éviter que pareille chose se présente on a soin habituellement d'augmenter le chiffre que l'on assure du montant des frais qui s'ajoutent à l'achat; de cette façon, en cas de sinistre on est remboursé intégralement.

DU 10 MARS

172.—Ayant fait appel à mes créanciers, à la suite de la perte que j'ai éprouvée, ils ont consenti à me faire remise de 50 o/o de ma dette, et je leur donne en paiement ce qui suit, contre mes

BILAN.

ACTIF.

ESPÈCES EN CAISSE........			96840 »
10000 ktl. laine en suint....	15000	»	
564000 — Buénos-Ayres	1760000	»	
30000 — d'Odessa	45000	»	
MARCHANDISES en MAGASIN			1820000 »
Marseille. 28 février....	2000	»	
Carpentras, 30 avril	2100	»	
Lisbonne, 30 avril....	10000	»	
Caen, 30 avril....	500	»	
Reims, 25 mai....	130000	»	
Caen, 31 juillet....	500	»	
— 31 octobre....	500	»	
— 31 janvier....	500	»	
EFFETS EN PORTEFEUILLE.			146100 »
Durand de Douai......	100000	»	
Terrain à Saint-Ouen....	109000	»	
Navire l'Hirondelle......	100000	»	
Cargaison du Navire l'Hirondelle	100000	»	
Armement —	10000	»	
Montant de l'ACTIF......			2481940 »

PASSIF.

Dû à José Pédro de Madrid....			89500 »
— à Durand, de Brest......			133375 94
o. de José Pédro, de Madrid, au 5 mars...	100000	»	
— Ce Marit du Hâvre, 31 mars	51000	»	
— Fernando Manoël, de Bilbao, au 15 avril....	45000	»	
— Berson, d'Haïti, au 30 avril	500000	»	
— Jacquin, de Paris, —	20000	»	
— Berson, d'Haïti, au 31 mai.	500000	»	
— José Pédro, Madrid, 31 mai.	300000	»	
— 30 juin. —	300000	»	
— Berson, d'Haïti, au 30 —	500000	»	
EFFETS A PAYER........			2046000 »
Montant du PASSIF.....			2268875 94
Différence formant le Capital.			213064 09
			2481940 »

titres acquittés, à Fernando Manoël, de Bilbao, espèces fr. 22500

A JACQUIN, de Paris, espèces...................... 10000

A BERSON, d'Haïti, tous les effets que j'ai en portefeuille, ensemble......................... 146100

Une lettre de crédit sur DURAND, de Douai.. 100000

espèces............................... 503900 750000

A JOSÉ PEDRO (mon billet de 100000 au 5 courant,
ayant eu 100 fr. de frais pour non-paiement), espèces... 259800

A DURAND, de Brest, espèces.................... 66688

Total.......... 1108988

De l'argent, des effets, une lettre de crédit sont donnés, des bénéfices sont faits, un titre de fr. 100 de frais est reçu de José Pédro, la Caisse, les Effets à Recevoir, Profits et Pertes, Durand et José Pédro doivent être crédités.

Des Effets à Payer rentrent, José Pédro et Durand, de Brest, pour leurs comptes-courants, sont soldés, ils doivent être débités; P. et P. doivent être débités des 100 fr. de frais. (298-299-300-301).

173.—Il résulte des deux articles ci-dessus, que d'une part, la maison éprouve une perte de fr. 914200, mais que d'autre part, puisqu'on lui fait remise d'une partie de ses dettes elle fait un bénéfice de fr. 1108987,91, c'est donc pour elle une augmentation de capital de fr. 194787,91.

Dans le siècle où nous sommes les choses se passent souvent ainsi : une suspension de paiement n'est pour beaucoup de gens qu'un moyen de s'enrichir.

DU 11 MARS

174.—Vendu ce jour, contre espèces, le terrain de Saint-Ouen fr. 204048.

La Caisse doit être débitée par le Crédit du Cᵗᵉ de terrain (302).

DU 12 MARS

175.—Vendu ce jour, au comptant, en vente publique :

10000 kilos laine en suint à 2 fr. le kilo............... 20000

30000 — d'Odessa à 2 fr. — 60000

Total........... 80000

M. G. doivent être créditées par le débit de la Caisse. (303).

DU 13 MARS

176.—Souscrit ce jour, à DUVAL, de cette ville, un contrat de rente viagère de 20000 fr. payables par trimestre. Ledit Duval me verse la somme de fr. 200000. Je lui laisse pour premier terme de rente fr. 5000, et suivant conventions formelles, les frais d'acte demeurent à sa charge.

Un contrat est souscrit, on ouvre un compte à ce contrat et on le crédite comme s'il s'agissait d'un Effet à Payer; la Caisse, par contre, doit être débitée. (304-305).

Lorsque l'on paie un terme de rente, la Caisse doit être créditée par le débit du Compte de ce contrat.

DU 18 MARS

177.—Ce jour, meurt le sieur DUVAL, à qui j'avais souscrit un contrat de rente, la somme qu'il m'a versée demeure donc ma propriété, et c'est pour moi une augmentation de capital de fr. 195000.

Le Compte de Contrat Viager Duval doit être soldé par le compte de Capital. (306),

On pourrait également le solder par P. et P.

DU 20 MARS

178.—Reçu ce jour, fr. 660869, pour ma part d'héritage de mon oncle PAUL, décédé.

Le Cte de Capital doit être crédité par le débit de la Caisse. (306).

DU 22 MARS

179.—Payé ce jour, en espèces, à MANOEL	22500	»
à JACQUIN	10000	»
à BERSON	750000	»
à JOSÉ PEDRO	259800	»
à DURAND	66687	91
Total	1108987	91

sommes dont ces personnes m'avaient fait remise.

P. et P. ayant été crédités lors de l'arrangement, doivent être maintenant débités; la Caisse qui fournit sera créditée (308). On pourrait passer les deux opérations par le compte de Capital, cela serait également rationnel.

On pourrait aussi créditer chacune de ces personnes par P. et P. ou par Capital, et les débiter ensuite par Caisse, de cette manière, chaque compte porterait trace de la restitution.

DU 23 MARS

180.—J'ai bénéficié de fr. 95048 sur la vente de mon terrain de Saint-Ouen.

Le Compte de Terrain sera soldé par le Crédit de P. et P.; cette affaire étant une spéculation doit être considérée comme opération commerciale. (309).

DU 24 MARS

181.—Reçu ce jour, espèces, la dot de ma femme montant à fr. 20000.

Un compte sera ouvert à cette dot et on le créditera par le débit de la Caisse. (310).

A la rigueur on pourrait ajouter cette somme au compte de Capital.

DU 31 MARS

182.—Payé ce jour, pour frais divers............. 2500 »
pour dépenses de maison........................ 500 ›

La Caisse doit être créditée par le Débit de Frais Généraux et de Dépenses de Maison. (311).

DU 1er AVRIL

183.—Je m'associe, ce jour, pour moitié dans les bénéfices avec le sieur DUVERGER, sous la raison sociale DUTEURTRE et DUVERGER.

J'apporte comme mise, espèces............... 56881 09
La valeur du navire l'Hirondelle. .... 100000 ›
   —   de l'armement dudit navire........... 10000 ›
   —   de la cargaison et plus-value que mon associé veut bien me laisser en bénéfice.......... 133118 91

Total....... 300000 ›

Il apporte lui-même fr. 700000 en espèces. Je rembourse, ce jour, au père de ma femme, la dot qu'il m'avait versée, lui en faisant l'abandon pour le dédommager en partie d'une perte considérable qu'il a supportée.

Par le fait de cette association, les opérations de la maison sont closes et tous les comptes doivent être balancés. March. Gén., Frais Généraux et Dépenses de Maison seront soldés par P. et P. La plus-value de la Cargaison doit être passée par P. et P. également. Le compte de Dot sera soldé par Caisse, celui de P. et P.

par Capital. Les comptes de Caisse, Navire, Armement et Cargaison seront crédités par le débit de Capital. (312-313-314-315-316-317).

Ces écritures passées, il ne restera plus un seul compte ouvert, et tout sera fini pour ce qui est de l'ancienne maison.

184.—Pour les écritures nouvelles, relatives dorénavant à la société, on peut ou prendre des livres nouveaux ou continuer sur les anciens.

Le compte de Capital sera remplacé par deux autres, portant intérêts, sauf conventions contraires, au nom de chacun des associés, qui seront crédités de ce qu'ils apportent par le débit des comptes des diverses valeurs qu'ils fournissent. (318).

Quelques Teneurs de livres conservent le compte de Capital qui comprend alors la mise totale des associés. Il est indifférent d'adopter l'une ou l'autre manière.

15 AVRIL

185.—Reçu ce jour, de LEBLANC, notre capitaine, le compte suivant :

Débit. *Compte de MM. Duteurtre et Duverger.* **Crédit.**

Débit			Crédit		
Achat de vivres.....	4000	»	Reçu au départ......	10000	»
Charbon..........	2000	»	Vente de 100 pièces de		
Réparations au navire	2000	»	vin.............	20000	»
Gages de l'équipage..	2000	»	Idem de 50 pièces...	10500	»
Mes appointements..	4000	»	— 250 — ..	52000	»
Ma part de bénéfice,			— 150 — ..	36000	»
suivant convention.	14000	»	— 80 — ..	21500	»
200 tonneaux rhum de			— 370 — ..	90000	»
la Jamaïque.......	100000	»	Voyage de 4 passagers	2000	»
Une traite sur Paris,			Frêt, reçu de divers..	8000	»
30 avril.........	120000	»			
Espèces..........	5000	»			
	250000	»		250000	»

Certifié sincère et véritable.

Paris, le 14 avril 1863.

LEBLANC.

Nota. Le frêt du vin est évalué 40000 fr. et celui du rhum 8000 fr.

Le compte d'Armement doit être débité du montant des cinq premiers articles du débit, moins 10000 fr. précédemment portés.

Le compte de Gargaison sera en outre débité des   14000
—	March. Gén.	—	—	100000
—	d'Eff. à Rec.	—	—	120000
et —	de Caisse	—	—	5000
—	de Gargaison sera crédité des....		230000	ventes
et —	d'Armement	—	—	10000 voyage

et frêt.

Le compte de Gargaison sera en outre débité de fr. 40000 et le compte de March. Gén. de fr. 8000 pour frêt, par le crédit d'Armement. (319).

' Ces divers articles portés, les comptes de Gargaison et d'Armement seront soldés par P. et P. (320).

DU 10 AVRIL

186.—Encaissé, ce jour, la traite remise par LEBLANC, de fr. 120000.

La Caisse doit être débitée par le crédit d'Effets à Rec. (321).

DU 30 AVRIL

187.—Prélevé pour frais divers................	20000
— par n. s^r DUTEURTRE...........	5000
— — DUVERGER.............	6000

La Caisse sera créditée par le débit de Frais Gén. Un compte de Levées, qu'on ouvrira à chacun des associés, remplacera le compte de Dépenses de Maison pour les autres dépenses. Ces Comptes seront également débités par le Crédit de la Caisse. (322).

DU 2 MAI

188.—Ce jour, meurt notre s^r DUVERGER. Sa veuve et héritière, ne voulant pas continuer les affaires, offre à n. s^r DUTEURTRE de se charger seul de la maison et de prendre à son compte les marchandises en magasin moyennant une dépréciation de 20 o/o sur le prix d'achat. Cette proposition est acceptée et il lui est remis en espèces le montant de sa créance.

Un inventaire doit être fait, le compte de March. Gén. doit être soldé: 86400 fr. par le débit de n. s^r Duteurtre et 21600 fr. par P. et P.; le compte de Frais Gén. doit être soldé par P. et P.; le compte de P. et P. par le crédit des deux associés, chacun sa moitié; le compte de Navire par le débit de n. s^r Duteurtre; les comptes de Levées par le débit des comptes particuliers et ces derniers par le crédit de la Caisse. (323-324-325-326-327-328-329).

Ces écritures passées les livres de la société se trouvent clos.

189.—Lorsqu'il survient une liquidation et qu'un des associés ne se charge pas des marchandises et créances à ses risques et périls, comme dans l'exemple ci-dessus, il est nommé un liquidateur qui est ordinairement celui qui continue les affaires. Dans ce cas, un inventaire est fait, le liquidateur prend à son compte provisoirement cet inventaire dont il passe écritures sur ses livres, soit les anciens ou de nouveaux, puis il ouvre un Compte de Liquidation.

Toute somme qui n'avait pas été prévue à l'inventaire, bénéfice ou perte, doit être portée à ce compte. Une facture est-elle réclamée, quoique n'ayant pas été inscrite, le compte de liquidation doit en être débité. Une perte est-elle faite sur les marchandises ou sur les créances, un agio est-il payé sur des effets venant de l'ancienne société, le compte de liquidation doit en être débité. Par contre, un bénéfice est-il fait sur des marchandises vendues à un prix plus élevé que celui coté à l'inventaire, le compte de liquidation doit en être crédité. Qu'un individu supposé mauvais, et dont le compte a été soldé par P. et P. à l'inventaire, vienne à payer, cette rentrée est également portée au crédit du Compte de Liquidation.

Au bout d'un certain laps de temps, toutes les marchandises ayant été écoulées, tous les comptes anciens ayant été soldés et aucune réclamation n'ayant plus lieu, le Compte de Liquidation doit être soldé par le Débit ou le Crédit des associés, chacun pour sa moitié, ou si les conventions étaient autres, chacun pour sa part proportionnelle.

Il est plus simple d'ouvrir un Compte de Liquidation que de débiter ou de créditer à chaque article chacun des associés.

Observations diverses.

190.—Dans les affaires on est exposé à avoir des marchandises laissées pour compte. Quand un client en refuse, que néanmoins il conserve chez lui, on le crédite par un compte spécial : le Compte de Marchandises pour compte. Quand on reprend ces marchandises, ou si le client les garde, le compte est alors crédité. On balance par lettres les sommes semblables.

191.—Dans les maisons qui n'ont pas un livre spécial pour les ventes, on peut les réunir sur la même colonne au Brouillard, et on met les sommes des autres articles dans une autre colonne; de cette façon on a sûrement la somme des ventes, résultat que ne donne pas toujours le Grand-Livre à cause des contrepassements que l'on y fait parfois.

192.—Un bon Teneur de livres ne pose jamais au crayon les totaux de ses additions, il ne devrait même jamais être obligé de les vérifier.

193.—Quand un commerçant désire se renseigner sur la solvabilité de ses clients, il peut s'adresser, soit à des compagnies spéciales, soit aux huissiers ou maîtres-d'hôtels qui résident dans les villes qu'ils habitent.

194.—Un très grand nombre de personnes ne savent pas compter exactement le bénéfice qu'elles prennent. Un objet leur coûte 100 fr, elles le vendent 125, et croient gagner 25 o/o; oui, si elles regardent le prix d'achat, non, si elles regardent le prix de vente, car alors elle ne gagnent que 25 fr. sur 125, ce qui ne fait en réalité que 20 o/o.

195.—Un objet coûte 50 fr., on le vend 100 fr., il y a 100 o/o sur le chiffre d'achat, mais seulement 50 o/o sur le prix de vente. Que de bons négociants qui sont arrivés à fin d'année croyant avoir un bénéfice, ignorant cela, et qui ont soldé leurs écritures par une perte.

196.—Voici un moyen de connaître chaque mois le résultat approximatif, bénéfice ou perte, des affaires que fait la maison dont on tient les livres : On prend le Compte de March. Gén., le Crédit représente les ventes faites, le Débit, dont on déduit le montant à l'inventaire, représente les achats. On soustrait le Débit du Crédit et on a une somme que l'on considère comme le bénéfice brut; on déduit de cette somme tous frais généraux, pertes, dépenses, etc., et on trouve une somme qui est le bénéfice net, en supposant toutefois que l'existence en magasin est la même qu'à l'inventaire. Si on estime cette existence en magasin valoir plus ou moins, le bénéfice trouvé doit être augmenté ou diminué d'autant.

197.—Lorsque l'on prend les écritures d'une maison qui marche sans avoir de livres bien tenus, ou même sans en avoir du tout, il est bon de faire un inventaire que l'on tâche d'avoir aussi juste que possible et les écritures partent de cet inventaire. Si l'on ne peut obtenir que cet inventaire se fasse, ne pouvant mieux, on s'en passe. On peut en tous cas savoir ce qu'il y a en caisse et en portefeuille et quels sont les billets souscrits.

198.—S'il n'y a pas de livres, on passe les écritures comme elles se présentent; s'il y en a, on établit une balance provisoire afin d'être sûr par la suite des écritures que l'on passera.

199.—On établit cette balance en additionnant les débits et les crédits et en portant leur différence au Compte de March. Gén.

200.—Plus tard, lorsque l'on fera l'inventaire, on soldera par March. Gén., les Frais Généraux, P. et P., etc., et on débitera ou créditera March. Gén. par le compte de Capital d'une somme telle que March. Gén. resteront débitrices du Total des Marchandises en magasin.

201.—Les écritures une fois passées ainsi, elles se trouveront dans leur état régulier, et on les continuera suivant les vrais principes.

202.—Le moyen qui vient d'être indiqué n'est pas régulier, mieux vaut tâcher de n'avoir pas à l'employer.

Du Journal-Grand-Livre.

203.—Il reste encore à parler d'une mauvaise méthode, celle du Journal-Grand-Livre, qui trouve encore des enthousiastes malgré qu'elle soit défectueuse. En voici un aperçu. (369).

Dans la première colonne on met le folio des Comptes des clients qui sont sur un livre séparé, nommé Comptes-Courants et qui n'est autre chose qu'un Grand-Livre.

Dans la deuxième on met le détail des articles.

Dans la troisième on met les totaux.

Les autres servent à faire le tirage des sommes; les comptes-généraux ont chacun la leur, et une colonne de Divers réunit tout ce qui ne les concerne pas.

Soit par exemple le premier article:

Caisse à Capital fr. 100000.

Au débit de la colonne réservée à la Caisse figurent ces 100000 fr. Ils figurent également au Crédit de celle des Divers.

La somme totale du montant de l'addition de chacune des colonnes réservées aux comptes doit être égale à l'addition de la colonne des totaux, et le relevé des sommes du livre de Comptes-Courants doit être égal au total de la colonne des Divers.

204.—Cette méthode a deux inconvénients:

1° Elle est trop longue;

2° Elle n'est pas assez claire, bien qu'elle ait la prétention de l'être plus que la méthode ordinaire.

205.—Elle est trop longue, parce qu'en outre du report des écritures du Journal au Grand-Livre, qu'elle exige également, elle oblige à chaque page de faire des additions, des reports et des vérifications. Bien souvent une somme est portée dans une colonne au lieu d'être portée dans une autre, et des recherches ennuyeuses s'en suivent. L'emploi de cette méthode donne un quart de plus de travail sans offrir aucune compensation. Du reste, bien souvent les Teneurs de livres se sentant pressés, négligent les reports dans les colonnes.

206.—Elle n'est pas claire, car lorsqu'on veut se rendre compte du mouvement des Comptes Généraux on ne le peut sans une perte de temps considérable, les sommes se trouvant disséminées dans un grand nombre de pages.

Qu'un commerçant veuille voir, par exemple, comment il se fait qu'il y a au débit de P. et P. un total plus fort qu'il ne pensait, il sera obligé de feuilleter son Journal-Grand-Livre et de visiter peut-être 100, 200 et 300 pages. Si le total a été grossi par une transposition il regrettera d'avoir perdu son temps.

207.—Si le compte de P. et P. et les autres Comptes Généraux étaient portés simplement au Grand-Livre, ce qui ramènerait à la méthode ordinaire, on trouverait de suite ce qu'on aurait à chercher.

208.—A cause de ces inconvénients, la méthode du Journal-Grand-Livre est rejetée aujourd'hui par la majeure partie des maisons de commerce.

209.—Les divers renseignements qui ont été donnés suffisent pour que l'on puisse se rendre compte de la manière de passer écritures de quelque article que ce soit, en en ayant pris connaissance un homme intelligent saura ouvrir les comptes et les livres auxiliaires utiles aux écritures qu'il aura à tenir.

PRATIQUE.

JOURNAL

JANVIER 1863.

1

		1er			
210	1.	CAISSE,			
	2.	à CAPITAL,			
		mon versement,		100000	»
		2			
211	1.	MARCHANDISES GÉNÉR^{les},			
	2.	à JOSÉ PÉDRO, de Madrid,			
		sa facture,		166000	»
		3			
212	3.	MARCEL, de Rennes,			
	4.	à MARCH. GÉN.			
		ma facture,		127800	»
		4			
213	4.	MARCH. GÉN.			
	1.	à CAISSE,			
		droits aux 100 balles José Pédro		44500	»
		5			
214	1.	CAISSE,			
	4.	à MARCH. GÉN.			
		au comptant,		700	»
		6			
215	2.	DUBOIS, de Caen,			
	4.	à MARCH. GÉN.			
		m. f.		1950	»
		6			
216	1.	CAISSE,			
	2.	à DUBOIS, de Caen,			
		son versement,		1950	»
				439900	»

- 64 -

2   JANVIER 1863.

		——— 7 ———			439900	»
217	2.	JOSÉ PÉDRO, de Madrid,			
	3.	à EFFETS A PAYER,			
		m. billet au 31 mars.		166000	»
		——— 8 ———			
218	5.	EFFETS A RECEVOIR,			
	3.	à MARCEL, de Rennes,			
		s. billet, 5 avril.	*	127800	»
		——— 9 ———			
219	4.	MARCH. GÉN.,			
	1.	à CAISSE,			
		fre Wagner, de Francfort		49500	»
		——— 10 ———			
220	4.	MARCH. GÉN.,			
	5.	à DESPREZ, d'Orléans,			
		s. fre.		2940	»
		——— 11 ———			
221	1.	CAISSE,			
	6.	à PROFITS ET PERTES,			
		gagné au jeu,		500	»
		——— 12 ———			
222	4.	MARCH. GÉN.,			
	3.	à EFF. A PAYER,			
		fre Lunel réglée au 15 avril.		28000	»
		——— 13 ———			
223	4.	MARCH. GÉN.,			
	7.	à KAUFMANN, de Dresde,			
		s. fre.		5400	»
		——— 13 ———			
224	7.	KAUFMANN, de Dresde,			
	4.	à MARC. GÉN., m. fre.		5400	»
		——— 14 ———			
225	4.	MARCH. GÉN..			
	4.	à FERNANDO MANOEL, de			
		Bilbao, s. fre net.		219800	»
				1045240	»

					1045240	»
226	4.	FERNANDO MANOEL, Bilbao				
	1.	à CAISSE,				
		espèces,			3000	»
		———— 14 ————				
227	4.	FERNANDO MANOEL, Bilbao				
		à Divers.				
	5.	à EFF. A RECEVOIR,				
		m. remise,	127800			
	3.	à EFF. A PAYER,				
		m. b.	45000			
	4.	à MARCH. GÉN., (1)				
		m. fre.	44000		216800	»
		———— 15 ————				
228	7.	DURAND, de Douai,				
	4.	à MARCH. GÉN.,				
		m. fre, net.			373000	»
		———— 15 ————				
229	1.	CAISSE,				
	7.	à DURAND, de Douai,				
		espèces,			270000	»
		———— 15 ————				
230		DIVERS A DURAND de Douai				
	5.	EFF. A RECEVOIR,				
		s. r.	60000			
	3.	EFF. A PAYER,				
		m. b.	28000			
	4.	MARCH. GÉN.,				
	7.	s. fre.	15000		103000	»
		———— 16 ————				
231	1.	CAISSE,				
	5.	à EFF. A RECEVOIR,				
		encaissé.			10000	»

(1) Si un registre était ouvert pour les ventes, celle-ci y figurant pourrait être relevée dans un article de Divers. Dans ce cas on n'en tiendrait pas note ici.

| | | | | | 2024040 | » |

					2021040	»
232	5.	DESPREZ, d'Orléans,				
	1.	à CAISSE, montant net de l'effet de 2940 fr. pris chez Johanneau de Paris.			2920	»
		——— 17 ———				
233	5.	DESPREZ, d'Orléans,				
	6.	à PROF. et PERTES, escompte consenti par Johanneau de Paris sur l'effet de fr. 2940 qu'il a fourni.			20	»
		——— 18 ———				
234	3.	EFF. à PAYER,				
	1.	à CAISSE, ordre José Pédro,			466000	»
		——— 18 ———				
235	1.	CAISSE,				
	6.	à PROF. et PERTES, esc^{te}. s. m. b. o. José Pédro			3320	»
		——— 19 ———				
236	4.	MARCH. GÉN.,				
	1.	à CAISSE, versé à Berson, d'Haïti, pour s. f^{re},	102000			
		versé à Longuet, commission sur cette affaire,	17000		119000	»
		——— 19 ———				
237	4.	MARCH. GÉN. à DIVERS, remis à Berson, d'Haïti, pour s. f^{re},				
	5.	à EFF. A RECEVOIR, m. r.	50000			
	3.	à EFF. A PAYER, m. b. o. Berson, 1540000 remis à la C^e Marit. du Hàvre, p^r assurance, m. b. au 31 mars, 51000	1591000		1641000	»
					3953300	»

						3953300	»
		——— 20 ———					
238		DIVERS A DIVERS,					
	8.	DURAND, de Brest.					
		m. f^re	59400				
	5.	EFF. A RECEVOIR,					
		b. Durand.	59400				
			118800				
	4.	à MARCH. GÉN.,					
		m. f^re à Durand,	59400				
	8.	à DURAND,					
		s. b. fin courant.	59400		118800	»
		——— 21 ———					
239	6.	BENEKE, de Londres,					
	4.	à MARCH. GÉN.,					
		m. f^re.			7000	»
		——— 21 ———					
240	5.	EFF. A RECEVOIR,					
	6.	à BENEKE, de Londres,					
		s. r. 28 février.			7000	»
		——— 22 ———					
241		DIVERS A EFF. A RECEV.					
	8.	BOUCHARD, de Paris,					
		net produit,	6860				
	6.	PROFITS et PERTES,					
	5.	agio.	140		7000	»
		——— 23 ———					
242	7.	BORDEREAUX,					
	5.	à EFF. A RECEVOIR,					
		remis à Bouchard.			59400	»
		——— 24 ———					
243	5.	EFF. à RECEVOIR à DIVERS					
		m. t. s^r Beneke, de Londres,					
		au 28 février, de fr. 7020				»
		A reporter....			4152500	»

		Report.....			4152500	»
	8.	à BOUCHARD, de Paris,			
		s. retour sur Londres,	6950		
	6.	à P. et P., différence de taux			
		sur ladite valeur.	70	7020	»
		———— 25 ————			
244		DIVERS A BORDEREAUX.			
	8.	BOUCHARD, net produit,	59160		
	6.	P. et P., agio.	240	59400	»
	7.	———— 26 ————			
245	3.	EFF. A PAYER A DIVERS,			
		reçu d'Hottot, de Prague,			
		m. b. au 31 mars de f. 40000			
		contre ce qui suit :			
	5.	à EFF. A RECEVOIR,			
		m. r.	7020		
	8.	à BOUCHARD, de Paris,			
		m. lettre sur lui.	32980	40000	»
		———— 27 ————			
246	5.	EFF. A RECEVOIR,			
	1.	à CAISSE,			
		à valoir s. f. 10000 Lisbonne			
		30 avril, remis par José Pe-			
		dro, de Madrid.		1800	»
		———— 27 ————			
247	5.	EFF. à RECEVOIR à DIVERS,			
		solde de l'effet de fr. 10000,			
		Lisbonne, 30 avril,			
	8.	à BOUCHARD,			
		ma lettre de crédit o. José			
		Pédro,	8000		
	6.	à P. et P.			
		agio.	200	8200	»
					4268920	»

					4268920	»
		— 28 —				
248	7.	KAUFMANN, de Dresde,				
	3.	à EFF. A PAYER,				
		s. m. 31 mars.			10000	»
		— 29 —				
249		DIVERS A DIVERS,				
	3.	MARCEL, de Rennes,				
		lettre de crédit Kaufmann	8000			
	5.	EFF. A RECEVOIR,				
		rem. Kaufmann.	2100			
			10100			
	7.	à KAUFMANN, de Dresde,				
		s. réglement,	10000			
	6.	à PROF. et PERTES,				
		agio.	100		10100	»
		— 30 —				
250		DIVERS A DIVERS,				
	2.	DUBOIS, de Caen,				
		s. lettre de crédit sur moi,	5000			
	5.	DESPREZ, d'Orléans,				
		m. r. à vue,	1000			
			6000			
	5.	à DESPREZ, d'Orléans.				
		s. r. de la lettre de Dubois,	5000			
	8.	à BOUCHARD, de Paris,				
		m. r. à vue sur lui.	1000		6000	»
		— 31 —				
251		DIVERS A CAISSE,				
	10.	FRAIS GÉNÉRAUX,				
		frais divers,	1400			
	8.	DÉPENSES DE MAISON,				
	1.	prélévé.	600		2000	»
					4297020	»

FÉVRIER 1863.

		——— 1 ———				
252	5.	EFFETS A RECEVOIR,				
	3.	à EFFETS A PAYER,				
		b. Jacquemin, au 30 avril,				
		contre m. b.			20000	»
		——— 2 ———				
253	1.	CAISSE,				
	2.	à CAPITAL,				
		reçu de mon père à titre de				
		don,			2000	»
		——— 2 ———				
254		DIVERS A CAPITAL,				
		reçu de mon père comme don				
	4.	MARCH. GÉN.,				
		6 balles de laine,		9000		
	5.	EFF. A RECEVOIR,				
		Marseille, 28 février,		2000		
	3.	EFF. A PAYER,				
		traite Kaufmann,		10000		
	8.	BOUCHARD,				
	2.	lettre de crédit.		2000	23000	»
		——— 3 ———				
255	5.	DESPREZ, d'Orléans,				
	4.	à MARCH. GÉN.,				
		m. f^{re}.			4000	»
		——— 4 ———				
256	1.	CAISSE,				
	2.	à DUBOIS, de Caen,				
		espèces.			500	»
		——— 4 ———				
257		DIVERS A DUBOIS, de Caen,				
	5.	EFF. A RECEVOIR, s. r.		2000		
	6.	P. et P.,				
	2.	perte consentie.		2500	4500	»

FÉVRIER 1863.

		——— 5 ———			
258	1.	CAISSE,			
	6.	à P. et P.			
		prime d'assur. José Pédro.		1000	»
		——— 6 ———			
259	6.	PROF. ET PERTES à DIVERS,			
		paiement de la valeur des			
		marchandises détruites par			
		le feu chez José Pédro.			
	4.	à MARCH. GÉN.,			
		m. f^{re}.	6000		
	5.	à EFF. A RECEVOIR,			
		Paris, 30 avril.	20000		
	8.	à BOUCHARD,			
		m. r.	2000		
	3.	à EFF. A PAYER,			
		m. b., 31 mai.	30000	58000	»
		——— 6 ———			
260	6.	P. et P.,			
	1.	à CAISSE,			
		payé pour l'incendie chez			
		José Pédro.		2000	»
		——— 7 ———			
261	9.	COMPTE à 1/3 avec MARCEL			
		et DURAND,			
	3.	à EFF. A PAYER,			
		achat à José Pédro, réglé en			
		m. b., au 30 juin.		300000	»
		——— 7 ———			
262	5.	EFF. à RECEVOIR à DIVERS,			
	3.	à MARCEL, de Rennes,			
		Paris, 30 avril,	100000		
	8.	à DURAND, de Brest,			
		Marseille, 31 mai.	100000	200000	»

		— 8 —				
263	7.	KAUFMANN, de Dresde,				
	9.	à Cᵗᵉ à 1/3 Marcel et Durand,				
		m. fʳᵉ.			160000	»
		— 9 —				
264	1.	CAISSE,				
	8.	à BOUCHARD,				
		espèces.			17090	»
		— 10 —				
265	9.	Cᵗᵉ à 1/3 M. et D.,				
	1.	à CAISSE,				
		divers frais.			5000	»
		— 11 —				
266	1.	CAISSE,				
	7.	à KAUFMANN, de Dresde,				
		espèces.			58000	»
		— 11 —				
267		DIVERS A KAUFMANN,				
	5.	EFF. à REC.				
		s. b , 10 juin,	100000			
	9.	Cᵗᵉ à 1/3 M. et D.				
	7.	rabais.	2000		102000	»
		— 12 —				
268	9.	Cᵗᵉ à 1/3 M. et D.				
	1.	à CAISSE,				
		droits aux 300 balles.			60000	»
		— 13 —				
269	5.	DESPREZ, d'Orléans,				
	9.	à Cᵗᵉ à 1/3 M. et D.				
		m. fʳᵉ.			170000	»
		— 13 —				
270	1.	CAISSE,				
	5.	à DESPREZ, d'Orléans,				
		s. vᵗ.			10000	»

		——— 13 ———			
271		DIVERS à DESPREZ d'Orléans			
	5.	EFF. A REC.,			
		Odessa, 30 avril,	100000		
	9.	C⁺ᵉ à 1/3 M. et D.,			
	5.	s. fre.	60000	160000	»
		——— 14 ———			
272	1.	CAISSE,			
	5.	à EFFETS à REC.,			
		net produit de l'eff. sr Odessa		98000	»
		——— 14 ———			
273	9.	Cᵗᵉ à 1/3 M. et D.,			
	5.	à EFF. à REC.,			
		agio, effet Odessa.		2000	»
		——— 15 ———			
274	3.	MARCEL, de Rennes,			
	9.	à Cᵗᵉ à 1/3 M. et D.,			
		s. cᵗᵉ de vente net v. 29 avril		154440	»
		——— 16 ———			
275	4.	MARCH. GÉN.			
	9.	à Cᵗᵉ à 1/3 M. et D.,			
		ma prise de marchse.		45000	»
		——— 16 ———			
276	9.	Cᵗᵉ à 1/3 M. et D.,			
	6.	à P. et P.,			
		comm. de vente sur 330000		3300	»
		——— 16 ———			
277	6.	P. et P.,			
	11.	à Cᵗᵉ à 1/3 M. et D.,			
		int. s. cᵗᵉ cᵗ.		2987	73
		——— 16 ———			
278	9.	Cᵗᵉ à 1/3 M. et D. à DIVERS,			
	3.	à MARCEL, de Rennes,			
		sa part de bénéfice,	33375	91	
		A reporter...	33375	91	

12 FÉVRIER 1863.

			Report	33375	91		
	8.	à DURAND, de Brest,					
		sa part de bénéfice,		33375	91		
	6.	à P. et P., ma part.		33375	91	100127	73
		——— 17 ———					
279	2.	JOSÉ PÉDRO, de Madrid,					
	3.	à EFF. A PAYER,					
		s. traite au 5 mars.				100000	»
		——— 18 ———					
280	7.	DURAND, de Douai,					
	4.	à MARCH. GÉN.,					
		m. f^re.				100000	»
		——— 19 ———					
281	2.	JOSÉ PÉDRO, de Madrid,					
	1.	à CAISSE,					
		frais divers.				500	»
		——— 20 ———					
282	4.	MARCH. GÉN.					
	2.	à JOSÉ PÉDRO, de Madrid,					
		m. c^te de vente.				190000	»
		——— 21 ———					
283	9.	M^ses chez MARCEL de Rennes,					
	9.	à CONSIGNATIONS,					
		m. envoi.				95000	»
		——— 22 ———					
284	10.	TERRAIN A SAINT-OUEN,					
	1.	à CAISSE,					
		montant de l'achat et des frais				109000	»
		——— 23 ———					
285	10.	NAVIRE L'HIRONDELLE,					
	5.	à EFF. à REC.,					
		acheté à Brindeau du Hâvre					
		ledit Navire, contre un effet					
		sur Dresde, au 10 juin.				100000	»

		— 24 —				
286	3.	MARCEL, de Rennes,				
	9.	à MARCH. chez MARCEL.				
		s. c^te de vente.			100935	91
		— 24 —				
287	9.	MARCH. chez MARCEL,				
	9.	à CONSIGNATIONS,				
		plus value de mon envoi.			5935	91
		— 24 —				
288	9.	CONSIGNATIONS,				
	4.	à MARCH. GÉN.,				
		c^te de vente de Marcel de				
		Rennes.			100935	91
		— 25 —				
289	5.	EFF. A REC.				
	3.	à MARCEL, de Rennes,				
		s. b. 25 mai.			130000	»
		— 26 —				
290	11.	CARGAISON du Navire l'Hi-				
		rondelle,				
	5.	à EFF. A REC.,				
		réglé la f^re Berthier, du Hà-				
		vre, Paris, 30 avril.			100000	»
		— 27 —				
291		DIVERS A EFF. A REC.,				
		m. bordereau à Martial,				
	1.	CAISSE,				
		net produit,		98500		
	6.	P. et P., agio.		1500	100000	»
	5.	— 27 —				
292	12.	ARMEMENT du Navire l'Hi-				
		rondelle.				
	1.	à CAISSE, envoyé à Leblanc,				
		mon capitaine.			10000	»

		— 28 —					
293		DIVERS A CAISSE,					
	10.	FRAIS GÉNÉRAUX,					
		frais divers,	1800				
	8.	DÉP. DE MAISON,					
	1.	prélevé.	700		2500	»	
		— 28 —					
294	6.	PROF. et PERTES A DIVERS,					
	10.	à FRAIS GÉN.,					
		solde,	3200				
	8.	à DÉP. DE MAISON,					
		solde.	1300		4500	»	
		— 28 —					
295	4.	MARCH. GÉN.,					
	6.	à P. et P.					
		bénéfice brut.			118045	91	
		— 28 —					
296	6.	P. et P.,					
	2.	à CAPITAL,					
		bénéfice net.			88064	09	

MARS 1863.

		— 1 —					
297		DIVERS A MARCH. GÉN.,					
		naufrage des marchandises chargées sur le *Washington* et le *Vengeur*, réglement de la Comp^e Maritime,					
	3.	EFF. A PAYER,					
		m. b., 31 mars,	51000				
	1.	CAISSE,					
		espèces,	795000				
	6.	PROFITS et PERTES.					
	4.	perte.	846000		1692000	»	

		——— 10 ———			
298	6.	P. et P.,			
	2.	à JOSÉ PÉDRO,			
		frais à m. b., au 5 courant,			
		imp., de fr. 40000.		100	»
		——— 10 ———			
299		DIVERS A CAISSE,			
	3.	EFF. A PAYER,			
		s. m. b. o. Marcel 22500			
		— — Jacquin 10000			
		— — Berson 503900			
		— — José Pédro 21500			
			751400		
	2.	JOSÉ PÉDRO, espèces.	44800		
	8.	DURAND, de Brest,			
	1.	espèces.	66688	862888	»
		——— 10 ———			
300	3.	EFF. A PAYER A DIVERS,			
		remis à Berson d'Haïti,			
	5.	à EFF. A REC. m. r.	146400		
	7.	à DURAND, de Douai.			
		m. lettre de crédit.	100000	246400	»
		——— 10 ———			
304		DIVERS A P. et P.,			
	3.	EFF. A PAYER,			
		remise sur m. bⁱ⁵,	997500		
	2.	JOSÉ PÉDRO, de Madrid,			
		remise sur ma dette,	44800		
	8.	DURAND, de Brest,			
	6.	remise s. m. dette.	66687 91	1108987 91	
		——— 11 ———			
302	1.	CAISSE,			
	10.	à TERRAIN DE ST-OUEN,			
		m. vente.		204048	»

		——— 12 ———				
303	1.	CAISSE,				
	4.	à MARC. GÉN.				
		au c¹.			80000	»
		——— 13 ———				
304	1.	CAISSE,				
	11.	à CONTRAT VIAGER DUVAL				
		reçu de Duval.			200000	»
		——— 13 ———				
305	11.	CONTRAT VIAGER DUVAL,				
	1.	à CAISSE,				
		1er terme			5000	»
		——— 18 ———				
306	11.	CONTRAT VIAGER DUVAL,				
	2.	à CAPITAL,				
		somme acquise par la mort				
		de Duval.			195000	»
		——— 20 ———				
307	1.	CAISSE,				
	2.	à CAPITAL,				
		reçu pour ma part d'héritage				
		de mon oncle Paul.			660869	»
		——— 22 ———				
308	6.	PROF. et PERTES,				
	1.	à CAISSE, remboursé mes di-				
		vers créanciers.			1108987	91
		——— 23 ———				
309	10.	TERRAIN DE SAINT-OUEN,				
	6.	à P. et P.,				
		bénéfice sur la vente.			95048	»
		——— 24 ———				
310	1.	CAISSE,				
	7.	à DOT de MADAME,				
		reçu ce jour.			20000	»

		——— 31 ———				
311		DIVERS A CAISSE,				
	10.	FRAIS GÉNÉR.,				
		divers,	2500			
	8.	DÉP. DE MAISON,				
	1.	prélevé.	500		3000	»

AVRIL 1863.

		——— 1 ———				
312	6.	PROF. et P. A DIVERS.				
	10.	à FRAIS GÉN.,				
		pour solde,	2500			
	8.	à DÉPENSES DE MAISON,				
		p^r solde.	500		3000	»
		——— 1 ———				
313	7.	DOT de MADAME,				
	1.	à CAISSE,				
		remboursé.			20000	»
		——— 1 ———				
314	6.	PROF. et P.				
	4.	à MARCH. GÉN.,				
		perte sur ce dernier compte			48000	»
		——— 1 ———				
315	11.	CARGAISON du NAVIRE L'HI-				
		RONDELLE,				
	6.	à P. et P.,				
		plus-value consentie par le				
		s^r Duverger que je prends				
		pour associé.			33418	91
		——— 1 ———				
316	2.	CAPITAL,				
	6.	à P. et P.,				
		solde de mes pertes.			768933	09

317	2.	**CAPITAL A DIVERS,**					
		reprise des valeurs suivantes					
	1.	à CAISSE, repris	56881	09			
	10.	à NAVIRE L'HIRONDELLE,	100000				
	12.	à ARMEMENT DU NAVIRE L'HIRONDELLE.	10000				
	11.	à CARGAISON DU NAVIRE L'HIRONDELLE.	133118	91	300000		

— 1 —

318		**DIVERS A DIVERS,**					
	1.	CAISSE,					
		versé par n. sʳ Duteurtre,	56881	09			
		— — Duverger,	700000				
	10.	NAVIRE L'HIRONDELLE,					
		sa valeur,	100000				
	12.	ARMEMENT DU NAVIRE L'HIRONDELLE,					
		s. valeur,	10000				
	11.	CARGAISON DU NAVIRE L'HIRONDELLE,					
		s. valeur,	133118	91			
			1000000				

	10.	à N. SIEUR DUTEURTRE,					
		s. capital,	300000				
	11.	à N. SIEUR DUVERGER,					
		s. capital.	700000		1000000		

— 15 —

319		**DIVERS A DIVERS,**					
		suivant compte du Capitaine Leblanc,					

12.	ARMEMENT DU NAVIRE L'HIRONDELLE,				
	achat de vivres,	4000			
	charbon,	2000			
	réparation au navire,	2000			
	gages de l'équipage,	2000			
	appointements du capitaine,	1000			
		11000			
	à déduire précédemment versé,	10000	1000		
11.	CARGAISON DU NAVIRE L'HIRONDELLE, part de				
	bénéfice du capitaine	14000			
	frêt du vin,	40000	54000		
4.	MARCH. GÉN.,				
	achat de 200 t. de rhum,	100000			
	frêt de ce rhum,	8000	108000		
5.	EFF. A RECEVOIR,				
	Paris, 30 avril,		120000		
1.	CAISSE, espèces.		5000		
			288000		
11.	à CARGAISON DU NAVIRE L'HIRONDELLE,				
	ventes diverses,		230000		
12.	à ARMEMENT DU NAVIRE L'HIRONDELLE,				
	voyage de 4 passagers	2000			
	frêt reçu de divers	8000			
	— du vin	40000			
	— du rhum	8000	58000	288000	»

		——— 15 ———					
320		DIVERS à PROF. et P.,					
	11.	CARGAISON DU NAVIRE L'HIRONDELLE, bénéfice,	42884	09			
	12.	ARMEMENT DU NAVIRE L'HIRONDELLE,					
	6.	bénéfice.	47000	»	89884	09
		——— 30 ———					
321	1.	CAISSE,					
	5.	à EFF. A RECEVOIR, encaissé.			120000	»
		——— 30 ———					
322		DIVERS A CAISSE,					
	10	FRAIS GÉNÉRAUX, frais divers,	20000				
	9.	N. Sr DUTEURTRE, compte de levées, prélevé,	5000				
	11.	N. Sr DUVERGER, compte de levées, prélevé.	6000		31000	»
	1.						

MAI 1863.

		——— 2 ———					
323		DIVERS A MARCH. GÉN.;					
	10.	N. Sr DUTEURTRE, à lui appliqué les marchandises en magasin,	86400				
	6.	P. et P., moins-value consentie par Mme Duverger.	21600		108000	»
	4.						
		——— 2 ———					
324	6.	P. et P.,					
	10.	à FRAIS GÉN., pour solde.			20000	»

		2						
325	6.	P. et P. A DIVERS,						
	10.	à N. Sr DUTEURTRE,						
		sa part de bénéfice,		24140	54			
	11.	à N. Sr DUVERGER,						
		s. part de bénéfice.		24140	55	48281	09	
		2						
326	10.	N. Sr DUTEURTRE,						
	10.	à NAVIRE L'HIRONDELLE,						
		sa prise du navire.				100000	»	
		2						
327	10.	N. Sr DUTEURTRE,						
	9.	à N. Sr DUTEURTRE, (levées)						
		pour solde.				5000	»	
		2						
328	11.	N. Sr DUVERGER,						
	11.	à N. Sr DUVERGER , compte						
		de levées,						
		pour solde.				6000	»	
		2						
329		DIVERS A CAISSE,						
	10.	N. Sr DUTEURTRE,						
		à lui versé,		132740	54			
	11.	N. Sr DUVERGER,						
	1.	versé à sa veuve.		718140	55	850881	09	

—»»)(«‹—

1863					
Janvier	1	Reçu	1	100000	»
—	5	—	1	700	»
—	6	—	1	1950	»
—	11	—	2	500	»
—	15	—	3	270000	»
—	16	—	3	10000	»
—	18	—	4	3320	»
				386470	»
Février	2	—	8	2000	»
—	4	—	8	500	»
—	5	—	9	1000	»
—	9	—	10	17090	»
—	11	—	10	58000	»
—	13	—	10	10000	»
—	14	—	11	98000	»
—	27	—	13	98500	»
				671560	»
Février	28	Balance		96840	»
Mars	1	Reçu	14	795000	»
—	11	—	15	204048	»
—	12	—	16	80000	»
—	13	—	16	200000	»
—	20	—	16	660869	»
—	24	—	16	20000	»
				2056757	»
Avril	1	Reçu	18	756884	09
—	15	—	19	5000	»
—	30	—	20	120000	»
				881884	09

1863					
Janvier	4	Payé	1	41500	»
—	9	—	2	49500	»
—	14	—	3	3000	»
—	17	—	4	2920	»
—	18	—	4	166000	»
—	19	—	4	119000	»
—	27	—	6	1800	»
—	31	—	7	2000	»
				385720	»
Février	6	—	9	2000	»
—	10	—	10	5000	»
—	12	—	10	60000	»
—	19	—	12	500	»
—	22	—	12	109000	»
—	27	—	13	10000	»
—	28	—	14	2500	»
		Balance		96840	»
				671560	»
Mars	10	Payé	15	862888	»
—	13	—	16	5000	»
—	22	—	16	1108987	91
—	31	—	17	3000	»
Avril	1	—	17	20000	»
—	1	Reprise	18	56881	09
				2056757	»
—	30	Payé	20	31000	»
Mai	2	—	21	850881	09
				881881	09

2

DOIT *CAPITAL*

331

1863						
Avril	1	Perte	17	768933	09
—	1	Reprise	18	300000	»
				1068933	09

DOIT *DUBOIS,*

332

1863						
Janvier	6	Ma facture	1	1950	»
—	30	Lettre de crédit	7	5000	»
				6950	»

DOIT *JOSÉ PÉDRO,*

333

1863						
Janvier	7	Mon billet, 31 mars,	2	166000	»
Février	17	Son mandat, 5 mars,	12	100000	»
—	19	Frais divers	12	500	»
				266500	»
		Solde créditeur		89500	»
				356000	»
Mars	10	Espèces	15	44800	»
—	10	à Profits et pertes	15	44800	»
				89600	»

AVOIR

331

1863					
Janvier	1	Mon versement	1	100000	»
Février	2	—	8	2000	»
—	2	—	8	23000	»
—	28	Bénéfice net	14	88064	09
				213064	09
Mars	18	Pour contrat Duval	16	195000	»
—	20	Héritage de mon oncle	16	660869	»
				1068933	09

A CAEN.   AVOIR

332

1863					
Janvier	6	Son versement	1	1950	»
Février	4	Espèces	8	500	»
—	4	Sa remise	8	2000	»
—	4	Perte	8	2500	»
				6950	»

A MADRID.   AVOIR

333

1863					
Janvier	2	Sa facture	1	166000	»
Février	20	Mon compte de vente	12	190000	»
				356000	»
Février	28	Solde Créditeur		89500	»
Mars	10	Frais	15	100	»
				89600	»

DOIT MARCEL

334

1863					
Janvier	3	Ma facture	1	127800	»
—	29	Lettre de Crédit	7	8000	»
				135800	»
Février	15	Ma facture	11	154440	»
—	24	Son compte de vente	13	100935	91
				391175	91

DOIT EFFETS

335

1863					
Janvier	15	Acquitté	3	28000	»
—	18	—	4	166000	»
—	26	—	6	40000	»
				234000	»
Février	2	—	8	10000	»
				244000	»
—	28	Balance		2046000	»
				2290000	»
Mars	1	Reçu	14	51000	»
—	10	Payé	15	751400	»
—	10	—	15	246100	»
—	10	Remise	15	997500	»
				2046000	»

A RENNES.

334

1863					
Janvier	8	Son billet, 5 avril (1)	2	127800	»
Février	7	Sa remise, 30 avril	9	100000	»
—	16	Bénéfice, compte à 1/3	11	33375	91
—	25	Sa remise 25 mai	13	130000	»
				391175	91

(1) Il est utile de mettre au Grand-Livre l'échéance des valeurs portées au Crédit des clients, quand ce ne sont pas des effets à plusieurs signatures, afin de se rendre compte au premier coup d'œil de l'époque de leur libération définitive.

A PAYER.

335

1863					
Janvier	7	Souscrit	2	166000	»
—	12	—	2	28000	»
—	14	—	3	45000	»
—	19	—	4	1591000	»
—	28	—	7	10000	»
				1840000	»
Février	1	—	8	20000	»
—	6	—	9	30000	»
—	7	—	9	300000	»
—	17	—	12	100000	»
				2290000	»
Février	28	Balance		2046000	»
				2046000	»

DOIT **MARCHANDISES**

336

1863						
Janvier	2	Achat	1	166000	»	
—	4	Droits	1	41500	»	
—	9	Achat	2	49500	»	
—	10	—	2	2940	»	
—	12	—	2	28000	»	
—	13	—	2	5400	»	
—	14	—	2	219800	»	
—	15	—	3	15000	»	
—	19	—	4	119000	»	
—	19	—	4	1641000	»	
				2288140	»	
Février	2	—	8	9000	»	
—	16	—	11	45000	»	
—	20	—	12	190000	»	
				2532140	»	
—	28	Bénéfice brut	14	118045	91	
				2650185	91	
Février	28	Balance		1820000	»	
				1820000	»	
Avril	15	Achat	19	108000	»	

DOIT **FERNANDO MANOEL,**

337

1863						
Janvier	14	Espèces	3	3000	»	
—	14	à Divers	3	216800	»	
				219800	»	

GÉNÉRALES.   **AVOIR**

336

1863					
Janvier	3	Vente	1	127800	»
—	5	—	1	700	»
—	6	—	1	1950	»
—	13	—	2	5400	»
—	14	—	3	44000	»
—	15	—	3	373000	»
—	20	—	5	59400	»
—	21	—	5	7000	»
				619250	»
Février	3	—	8	4000	»
—	6	—	9	6000	»
—	18	—	12	100000	»
—	24	—	13	100935	91
				830185	91
		Balance		1820000	»
				2650185	91
Mars	1	Aff. Compe Maritime	14	1692000	»
—	12	Vente	16	80000	»
Avril	1	Perte	17	48000	»
				1820000	»
Mai	2	Prise par n Sr Duteurtre et dépréciation.	20	108000	»

A BILBAO.   **AVOIR**

337

1863					
Janvier	14	Sa facture	2	219800	»
—				219800	»

DOIT   *EFFETS*

338

1863					
Janvier	8	Reçu	2	127800	»
—	15	—	3	60000	»
—	20	—	5	59400	»
—	21	—	5	7000	»
—	24	—	6	7020	»
—	27	—	0	1800	»
—	27	—	6	8200	»
—	29	—	7	2100	»
				273320	»
Février	1	—	8	20000	»
—	2	—	8	2000	»
—	4	—	8	2000	»
—	7	—	9	200000	»
—	11	—	10	100000	»
—	13	—	11	100000	»
—	25	—	13	130000	»
				827320	»
Février	28	Balance		146100	»
Avril	15	Reçu	19	120000	»

DOIT   *DESPREZ,*

339

1863					
Janvier	17	Ma remise, 2940, montant net.	4	2920	»
—	17	— — escompte.	4	20	»
—	30	— à vue.	7	1000	»
				3940	»
Février	3	Ma facture.	8	4000	»
—	13	—	10	170000	»
				177940	»

A RECEVOIR.   AVOIR

338

1863						
Janvier	14	Remis	3	127800	»
—	16	—	3	10000	»
—	19	—	4	50000	»
—	22	—	5	7000	»
—	23	—	5	59400	»
—	26	—	6	7020	»
				261220	»
Février	6	—	9	20000	»
—	14	—	11	98000	»
—	14	—	11	2000	»
—	23	—	12	100000	»
—	26	—	13	100000	»
—	27	—	13	100000	»
				681220	»
—	28	Balance		146100	»
				827320	»
Mars	10	Remis	15	146100	»
Avril	30	Encaissé	20	120000	»

A ORLEANS.   AVOIR

339

1863					
Janvier	10	Sa facture.	2	2940	»
—	30	Lettre de Crédit.	7	5000	»
				7940	»
Février	13	Espèces	10	10000	»
—	13	p. Divers.	11	160000	»
				177940	»

DOIT   *BENEKE,*

340

1863					
Janvier	21	Ma facture	5	7000	»

DOIT   *PROFITS*

341

1863					
Janvier	22	Perte	5	140	»
—	25	—	6	240	»
				380	»
Février	4	—	8	2500	»
—	6	—	9	58000	»
—	6	—	9	2000	»
—	16	—	11	2987	73
—	27	—	13	1500	»
				67367	73
—	28	—	14	4500	»
—	28	Bénéfice net	14	85064	09
				159931	82
Mars	1	Perte	14	846000	»
—	10	—	15	100	»
—	22	—	16	1108987	91
Avril	1	—	17	3000	»
—	1	—	17	48000	»
				2006087	91
Mai	2	—	20	21600	»
—	2	—	20	20000	»
—	2	Bénéfice net	21	48281	09
				89881	09

A LONDRES.

340

1863					
Janvier	21	Sa remise, 28 février	5	7000	»

ET PERTES.

341

1863					
Janvier	11	Gain	2	500	»
—	17	—	4	20	»
—	18	—	4	3320	»
—	24	—	6	70	»
—	27	—	6	200	»
—	29	—	7	100	»
				4210	»
Février	5	—	9	1000	»
—	16	—	11	3300	»
—	16	—	12	33375	91
				41885	91
—	28	—	14	118045	91
				159931	82
Mars	10	—	15	1108987	91
—	23	—	16	95048	»
Avril	1	—	17	33118	91
—	1	Perte	17	768933	09
				2006087	91
Avril	15	Gain	20	89881	09
				89881	09

DOIT KAUFMANN,

342

1863						
Janvier	13	Ma Facture	2	5400	»	
—	28	Son mandat, 31 mars	7	10000	»	
				15400	»	
Février	8	Ma facture	10	160000	»	
				175400	»	

DOIT BORDEREAUX

343

1863					
Janvier	23	Ma remise	5	59400	»

DOIT DURAND,

344

1863					
Janvier	15	Ma facture	3	373000	»
Février	18	—	12	100000	»
				473000	»
Février	28	Solde Débiteur		100000	»

DOIT DOT

345

1863					
Avril	1	Remboursé	17	20000	»

A DRESDE. 7 AVOIR

342

1863						
Janvier	13	Sa facture	2	5400	»	
—	29	Son règlement	7	10000	»	
				15400	»	
Février	11	Espèces	10	58000	»	
—	11	Son billet, 10 juin, 100000,				
—	11	rabais, 2000,	10	402000	»	
				475400	»	

AVOIR

343

1863					
Janvier	25	p. Divers,	6	59400	»

A DOUAI. AVOIR

344

1863					
Janvier	15	Espèces	3	270000	»
—	15	p. Divers	3	103000	»
				373000	»
Février	28	Solde Débiteur		100000	»
				473000	»
Mars	10	Ma lettre	15	100000	»

DE MADAME AVOIR

345

1863					
Mars	24	Reçu	16	20000	»

7

DOIT · **DURAND,**

346

1863					
Janvier	20	Ma facture	5	59400	»
Février	28	Solde Créditeur		133375	91
				192775	91
Mars	10	Espèces	15	66688	»
—	10	à Profits et Pertes.	15	66687	91
				133375	91

DOIT **BOUCHARD,**

347

1863					
Janvier	22	Net produit	5	6860	»
—	25	—	6	59160	»
				66020	»
Février	2	Lettre de Crédit	8	2000	»
				68020	»

DOIT **DÉPENSES**

348

1863					
Janvier	31	Prélevé	7	600	»
Février	28	—	14	700	»
				1300	»
Mars	31	—	17	500	»

A BREST   AVOIR

346

1863						
Janvier	20	Son billet, fin courant,	5	59400	»
Février	7	Sa remise, 31 mai,	9	100000	»
—	16	Bénéfice, compte à 1/3,	12	33375	91
				192775	91
Février	28	Solde Créditeur		133375	91
				133375	91

A PARIS.   AVOIR

347

1863					
Janvier	24	Son retour	6	6950	»
—	26	Ma lettre de crédit	6	32980	»
—	27	—	6	8000	»
—	30	Mon bon à vue	7	1000	»
				48930	»
Février	6	Mon reçu	9	2000	»
—	9	Espèces	10	17090	»
				68020	»

DE MAISON.   AVOIR

348

1863					
Février	28	p. Profits et Pertes	14	1300	»
				1300	»
Mars	31	p. Profits et Pertes	17	500	»

DOIT   *CONSIGNATIONS.*

349

1863					
Février	24	Compte de vente Marcel	13	100935	91
				100935	91

DOIT   *NOTRE SIEUR DUTEURTRE,*

350

1863					
Avril	30	Prélevé	20	5000	»

DOIT   *COMPTE A 1⁄3 AVEC*

351

1863					
Février	7	Achat	9	300000	»
—	10	Frais	10	5000	»
—	11	Rabais	10	2000	»
—	12	Droits	10	60000	»
—	13	Achat	11	60000	»
—	14	Agios	11	2000	»
—	16	Ma commission	11	3300	»
—	16	Bénéfice	11	100127	73
				532427	73

DOIT   *MARCHANDISES CHEZ MARCEL,*

352

1863					
Février	21	Mon envoi	12	95000	»
—	24	Plus value	13	5935	91
				100935	91

349

1863					
Février	21	Envoyé à Marcel	12	95000	»
—	24	Plus value	13	5935	91
				100935	91

COMPTE DE LEVÉES. AVOIR

350

1863					
Mai	2	p. notre sieur Duteurtre	21	5000	»

MARCEL ET DURAND. AVOIR

351

1863					
Février	8	Vente	10	160000	»
—	13	—	10	170000	»
—	15	—	11	154440	»
—	16	—	11	45000	»
—	16	Intérêts	11	2987	73
				532427	73

A RENNES. AVOIR

352

1863					
Février	24	Compte de vente	13	100935	91
				100935	91

DOIT *FRAIS*

353

1863					
Janvier	31	Divers	7	1400	»
Février	28	—	14	1800	»
				3200	»
Mars	31	—	17	2500	»
Avril	30	—	20	20000	»

DOIT *TERRAIN*

354

1863					
Février	22	Achat et frais	12	109000	»
Mars	23	Bénéfice	16	95048	»
				204048	»

DOIT *NAVIRE*

355

1864					
Février	23	Achat	12	100000	»
Avril	1	Valeur à l'inventaire	18	100000	»

DOIT *NOTRE SIEUR*

356

1863					
Mai	2	Son achat des march. en mag.	20	86400	»
—	2	— dn nav. l'Hirondelle,	21	100000	»
—	2	Ses levées	21	5000	»
—	2	A lui versé	21	132740	54
				334140	54

GÉNÉRAUX. AVOIR

353

1863						
Février	28	p. Profits et Pertes	14	3200	»
				3200	»
Avril	1	p. Profits et Pertes	17	2500	»
Mai	2	—	20	20000	»

A SAINT-OUEN. AVOIR

354

1863					
Mars	11	Vente	15	204048	»
				204048	»

L'HIRONDELLE. AVOIR

355

1863					
Avril	1	Cédé à la société	18	100000	»
Mai	2	Pris par notre sieur Duteurtre	21	100000	»

DUTEURTRE. AVOIR

356

1863					
Avril	1	Son capital	18	300000	»
Mai	2	Bénéfice	21	24140	54
				324140	54

DOIT CARGAISON DU

357

1863					
Février	26	Mon achat	13	100000	»
Avril	1	Plus value	17	33118	91
				133118	91
Avril	1	Valeur à l'inventaire	18	133118	91
—	15	Fret et part du Capitaine	19	54000	»
—	15	Bénéfice	20	42881	09
				230000	»

DOIT NOTRE SIEUR

358

1863					
Mai	2	Ses levées	21	6000	»
—	2	Versé à sa veuve	21	718140	55
				724140	55

DOIT NOTRE SIEUR DUVERGER,

359

1863					
Avril	30	Prélevé	20	6000	»

DOIT CONTRAT VIAGER

360

1863					
Mars	13	Premier terme	16	5000	»
—	18	Bénéfice	16	195000	»
				200000	»

NAVIRE L'HIRONDELLE.   AVOIR
357

1863						
Avril	1	Cédé à la société	18	133118	91	
				133118	91	
Avril	15	Ventes	19	230000	»	
				230000	»	

DUVERGER.   AVOIR
358

1863						
Avril	1	Son capital	18	700000	»	
Mai	2	Bénéfice	21	24140	55	
				724140	55	

COMPTE DE LEVÉES.   AVOIR
359

1863						
Mai	2	p. notre sieur Duverger	21	6000	»	

DUVAL.   AVOIR
360

1863						
Mars	13	Reçu	16	200000	»	
				200000	»	

361

1863						
Février	27	Espèces à Leblanc	13	10000	»	
Avril	1	Valeur à l'inventaire	18	10000	»	
—	1	Frais divers	19	1000	»	
—	15	Bénéfice	20	47000	»	
				58000	»	

BALANCE DE JANVIER.

363

1	Caisse,	386470	»	385720	»
2	Capital,		»	100000	»
2	Dubois, à Caen,	6950	»	1950	»
2	José Pédro, à Madrid,	166000	»	166000	»
3	Marcel, à Rennes.	135800	»	127800	»
3	Effets à payer,	234000	»	1840000	»
4	Marchandises générales,	2288140	»	619250	»
4	Fernando Manoël, de Bilbao,	219800	»	219800	»
5	Effets à recevoir,	273320	»	261220	»
5	Desprez, à Orléans,	3940	»	7940	»
6	Beneke, à Londres,	7000	»	7000	»
6	Profits et Pertes,	380	»	4210	»
7	Kaufmann, à Dresde,	15400	»	15400	»
7	Bordereaux,	59400	»	59400	»
7	Durand, à Douai,	373000	»	373000	»
8	Durand, à Brest,	59400	»	59400	»
8	Bouchard, à Paris,	66020	»	48930	»
8	Dépenses de maison	600	»		»
10	Frais généraux	1400	»		»
		4297020	»	4297020	»

NAVIRE L'HIRONDELLE.   AVOIR
361

1863						
Avril	1	Cédé à la société	18	10000	»	
Avril	15	Fret et voyage de passagers	19	58000	»	
				58000	»	

BALANCE DE FÉVRIER.

364

1	Caisse	671560	»	574720	»
2	Capital		»	125000	»
2	José Pédro, à Madrid,	266500	»	356000	»
3	Effets à payer	244000	»	2290000	»
4	Marchandises générales	2532140	»	830185	91
5	Effets à recevoir	827320	»	681220	»
6	Profits et Pertes	67367	»	41885	91
7	Durand, à Douai,	473000	»	373000	»
8	Durand, à Brest,	59400	»	192775	91
8	Dépenses de maison	1300	»		
10	Frais généraux	3200	»		
10	Terrain à Saint-Ouen	109000	»		
10	Navire l'Hirondelle	100000	»		
11	Cargaison du navire l'Hirondelle	100000	»		
12	Armement	10000	»		
		5464787	73	5464787	73

DOIT

365

CAISSE DE

	1			
1	à CAPITAL, (1)			
	mon versement,	100000	»	
	5			
1	à MARCH. GÉN.,			
	au comptant,	700	»	
	6			
1	à DUBOIS,			
	espèces,	1950	»	
	11			
2	à P. et P.,			
	gagné au jeu,	500	»	
	15			
3	à DURAND, de Douai,			
	espèces,	270000	»	
	16			
3	à EFF. A RECEVOIR,			
	remis à Laurent de Paris,			
	Lyon, 25 courant,	10000	»	
	18			
4	à P. et P.,			
	escompte s. m. b. o. José Pé-			
	dro,	3320	»	
	(1) Doit Caisse à Capital.	386470	»	

AVOIR

365

		4		
1	p. MARCH. GÉN. (1) droits d'entrée aux 100 balles José Pédro,		41500	»
		9		
2	p. MARCH. GÉN., fⁿ Wagner de Francfort,		49500	»
		44		
3	p. FERNANDO MANOEL, de Bilbao, espèces,		3000	»
		17		
4	p. DESPREZ, d'Orléans, escompté à Johanneau de Paris, un effet de 2940 fr. sur Orléans, au 10 avril,		2920	»
		18		
4	p. EFF. A PAYER, m. b. o. José Pédro,		166000	»
		49		
4	p. MARCH. GÉN., versé pour facture Berson, d'Haïti,	102000		
	Commission à Longuet sur cette affaire,	17000	119000	»
		20		
6	p. EFF. A RECEVOIR, à valoir sur f. 10000 Lisbonne 30 avril, remis par José Pédro, de Madrid,		1800	»
		31		
7	p. FRAIS GÉNÉRAUX, divers,		1400	»
		31		
7	p. DÉP. de MAISON, prélevé,		600	»
	solde en caisse,		750	»
	(1) Avoir Caisse par le Débit de March. Gén.		386470	»

	Solde en caisse,	750	»
	— 2 —		
8	à CAPITAL,		
	don reçu de mon père,	2000	»
	— 4 —		
8	à DUBOIS, de Caen,		
	espèces,	500	»
	— 5 —		
9	à P. et P.		
	prime d'assurance José Pédro	1000	»
	— 9 —		
10	à BOUCHARD,		
	espèces,	17090	»
	— 11 —		
10	à KAUFMANN, de Dresde,		
	espèces,	58000	»
	— 13 —		
10	à DESPREZ, d'Orléans,		
	espèces,	10000	»
	— 14 —		
11	à EFF. A RECEVOIR,		
	reçu de Léon, net produit de		
	l'effet s. Odessa, 30 avril,	98000	»
	— 27 —		
13	à EFF. A RECEVOIR,		
	border. Martial, net produit,	98500	»
		285840	»

		6		
9	p. P. et P.			
	pour l'incendie José Pédro,		2000	»
		10		
10	p. COMPTE A 1/3, M. et D.,			
	à Lévêque, courtage,	3000		
	Ports divers,	1450		
	1 mois de magasinage,	500		
	pour boire,	50	5000	»
		12		
10	p. COMPTE A 1/3, M. et D.,			
	droits aux 300 balles,		60000	»
		19		
12	p. JOSÉ PÉDRO, de Madrid,			
	frais divers,		500	»
		22		
12	p. TERRAIN A SAINT-OUEN,			
	achat et frais,		109000	»
		27		
13	p. ARMEMENT DU NAVIRE L'HIRONDELLE,			
	envoyé à Leblanc, capitaine,		10000	»
		28		
14	p. FRAIS GÉNÉRAUX,			
	frais divers,		1800	»
		28		
14	p. DÉPENSES de MAISON,			
	prélevé,		700	»
	Balance,		96840	»
			285840	»

DOIT CAISSE DE

	Balance,	96840	»
14	à MARCH. GÉN., de la Compagnie Maritime,	795000	»
15	à TERRAIN DE ST-OUEN, vente,	204048	»
16	à MARCH. GÉN., au comptant,	80000	»
16	à CONTRAT VIAGER DUVAL,	200000	»
16	à CAPITAL, ma part d'héritage de mon oncle Paul,	660869	»
16	à DOT DE MADAME,	20000	»
		2056757	»

367

15	p. EFF. A PAYER,			
	sur m. b. o. Manoël	22500		
	— Jacquin	10000		
	— Berson	503900		
	— José Pédro	215000	751400	»
15	p. JOSÉ PÉDRO,			
	espèces,		44800	»
15	p. DURAND, de Brest, espèces,		66688	»
16	p. CONTRAT VIAGER DUVAL,			
	1er terme.		5000	»
16	p. P. et P.,			
	remboursé Manoël	22500	»	
	— Jacquin	10000	»	
	— Berson	750000	»	
	— José Pédro	259800	»	
	— Durand	66687 94	1108987	94
17	p. FRAIS GÉNÉRAUX,			
	divers,		2500	»
17	p. DÉPENSES DE MAISON,			
	prélevé,		500	»
	Balance,		76881	09
			2056757	»

10

10

10

13

22

31

31

8

DOIT

CAISSE

368

	Balance,	76881	09
		76881	09
	1		
18	à n. sr DUTEURTRE, espèces,	56881	09
	1		
18	à n. sr DUVERGER, espèces,	700000	»
	15		
19	à LEBLANC, notre capitaine, espèces,	5000	»
	30		
20	à EFF. A RECEVOIR, encaissé, Paris, 30 avril,	120000	»
		881881	09
	MAI 1863.		
	Balance,	850881	09
		850881	09

368

			1			
17	p. DOT DE MADAME, remboursé,			20000	»	
18	p. CAPITAL, reprise,	1		56881	09	
				76881	09	
20	p. FRAIS GÉNÉRAUX, divers,	30		20000	»	
20	p. n. sr DUTEURTRE, levées, prélevé,	30		5000	»	
20	p. n. sr DUVERGER, levées, prélevé,	30		6000	»	
	Balance,			850881	09	
				881881	09	

MAI 1863.

			2			
21	p. n. sr DUTEURTRE, à lui versé,			132740	54	
21	p. n. sr DUVERGER, à sa veuve,	2		718140	55	
				850881	09	

RÉPERTOIRE.

BIBLIOTHÈQUE IMPÉRIALE IMPR.

DATES	BALLES	KILOS	NOMBRES	SOMMES	SOMMES	DÉTAILS	VALEUR	JOURS	NOMBRES
1863									
Février 7	300	60000	300000	»		Achat à José Pèdre,	20 Juin	384	492000
— 10	—	—	5000	»	3890	à Lévêqué, courtage,	10 Févr.	6	500
—	—	—			1450	Ports divers,	—	—	»
—	—	—			500	Magasinage d'un mois,	—	—	»
—	—	—			50	Pour-boire,	—	—	»
— 11	—	—	2000	»		Rabais Kaufmann,	—	—	»
— 12	30000	60000	60000	»		Droits,	12 Févr.	4	2400
— 13	—	—	2000	»		Facture Desprez,	—	—	»
— 16	—	—	3300	»		Agio effet Desprez,	—	—	»
—	—	—				Ma commission sur 330000, ventes,	16 Févr.	époq.	179264
—	—	—	100127	73	33375 91	Bénéfice Marcel,	—	—	»
—	—	—			33375 91	Bénéfice Durand,	—	—	»
—	—	—			33375 91	Mon bénéfice,	—	—	»
	300	90000	532427	73					181264

DATES	BALLES	KILOS	NOMBRES	SOMMES	SOMMES	DÉTAILS	VALEUR	JOURS	NOMBRES
1863									
Février 8	100	20000	100000	»	100000	Vente à Kaufmann de Dresde,	10 Juin	384	384000
—	—	—			38000	—	11 Févr.	5	2900
—	—	—			3000	Vente à Kaufmann de Dresde, rabais,	—	—	»
— 13	100	20000	170000	»	10000	Vente à Desprez d'Orléans, espèces,	13 Févr.	3	300
—	—	—			98000	Vente Desprez, net produit de 100000	14 —	9	1260
—	—	—			2000	agio sur cette valeur,	—	—	»
—	—	—			60000	un 30060 k° laine d'Od.,	—	—	»
— 15	100	19590	154440	»		Vente à Marcel de Rennes,	20 Avril	72	111560
—	—	—	500	»		Porte de poids,	—	—	»
— 16	—	30000	45060	»		Laine d'Odessa prise p' mon compte,	16 Févr.	époq.	176804
—	—	—			2967 73	Balance des nombres rouges,	—	—	»
						Intérêts n° 179264, balance des nomb			
	300	90000	532427	73					181264

* Jours et nombres rouges.

S. E. ou O.
Certifié conforme à mes livres:
Paris, le 16 Février 1863.
DUTRUBY&Cⁱᵉ

Compte à 1/3 avec MARCEL de Rennes
367

DOIT — VALEUR

DATES	BALLES	KILOS	SOMMES	SOMMES	DÉTAILS	VALEUR	JOURS	INTÉRÊTS
1863 Février	7	300	60000	300000 »	3000 »	Achat à José Pédro,	30 Juin	584 *	6700 * »
—	10			5000 »	1450 »	à Lévèque, courtage,	10 Févr.	6	5 »
—					580 »	Ports divers,	—	—	
—					50 »	Magasinage d'un mois,	—	—	
—	11			2000 »		Pour-boire,	—	—	
—	12			60000 »		Rabais Kaufmann,	—	—	
—	13	30000	60000 »			Droits,	12 Févr.	4	40 »
—	14			2000 »		Facture Despres,	—	—	
—	16			3300 »		Agio effet Despres,	—	—	
—						Ma commission sur 330000, ventes,	16 Févr.	époss.	
—			100127 73	33375 91		Balance des intérêts,	—	—	2987 73
—				33375 91		Bénéfice Marcel,	—	—	
—				33375 91		Bénéfice Durand,	—	—	
—						Mon bénéfice,	—	—	
	300	90000	532427 73						3053 73

*Jours et intérêts rouges.

et DURAND de Brest, Compte courant et d'intérêts à 6 0/0 l'an.
16 FÉVRIER 1863. — 367 — AVOIR

DATES	BALLES	KILOS	SOMMES	SOMMES	DÉTAILS	VALEUR	JOURS	INTÉRÊTS
1863 Février	8	100	20000	100000 »	100000 »	Vente à Kaufmann de Dresde,	10 Juin	114 *	1900 * »
—				58000 »		Vente à Kaufmann de Dresde, rabais,	11 Févr.	46	55 »
—					2000 »		—	—	
—	13	100	20000	170000 »	10000 »	Vente à Despres d'Orléans, espèces,	13 Févr.	3	5 »
—					98000 »	Vente Despres, net produit de 100000	14	2	32 67
—					2000 »	agio sur cette valeur,	—	—	
—					60000 »	en 30000 k° laine d'Od.,	—	—	
—	15	100	19500	154440 »		Vente à Marcel de Rennes,	29 Avril	72 *	1055 * 00
—			500 »			Perte de poids,	—	—	
—	16		30000	45000 »		Laine d'Odessa prise p° mon compte,	16 Févr.	époss.	
—				2987 73		Balance des intérêts,	—	—	2046 73
	300	90000	532427 73						3052 73

S. E. ou O.
Certifié conforme à mes livres.
Paris, le 16 Février 1863.
DUTEURTRE.

Compte à 1/3 avec MARCEL de Rennes
368

DOIT

DATES	BALLES	KILOS	SOMMES	SOMMES	DÉTAILS	VALEUR	JOURS	INTÉRÊTS
1863 Février	7	300	60000	300000 »	3000 »	Achat à José Pédro,	30 Juin	143	7150 »
—	10			5000 »	1450 »	à Lévèque, courtage,	10 Févr.	3	2 50
—					500 »	Ports divers,	—	—	
—					50 »	Magasinage d'un mois,	—	—	
—	11			2000 »		Pour-boire,	—	—	
—	12			60000 »		Rabais Kaufmann,	—	—	
—	13	30000	60000 »	7000 »		Droits,	12 Févr.	5	50 »
—	14					Facture Despres,	—	—	
—	16			3300 »		Agio effet Despres,	—	—	
—						Ma commission sur 330000, ventes,	16 Févr.	9	4 05
—						inter. s. 97140, balance des capitaux,	—	9	155 71
—			100127 73	33375 91		Bénéfice Marcel,	—	—	
—				33375 91		Bénéfice Durand,	—	—	
—				33375 91		Mon bénéfice,	—	—	
	300	90000	532427 73						7353 10

et DURAND de Brest, Compte courant et d'intérêts à 6 0/0 l'an.
16 FÉVRIER 1863. — 368 — AVOIR

DATES	BALLES	KILOS	SOMMES	SOMMES	DÉTAILS	VALEUR	JOURS	INTÉRÊTS
1863 Février	8	100	20000	100000 »	100000 »	Vente à Kaufmann de Dresde,	10 Juin	123	2050 »
—				58000 »		Vente à Kaufmann de Dresde, rabais,	11 Févr.	4	38 66
—					2000 »		—	—	
—	13	100	20000	170000 »	13050 »	Vente à Despres d'Orléans, espèces,	13 Févr.	6	12 »
—					98000 »	Vente Despres, net produit de 100000	14	7	114 33
—					2000 »	agio sur cette valeur,	—	—	
—					60000 »	en 30000 k° laine d'Od.,	—	—	
—	15	100	19500	154440 »		Vente à Marcel de Rennes,	29 Avril	61	2085 94
—			500 »			Perte de poids,	—	—	
—	16		30000	45000 »		Laine d'Odessa prise p° mon compte,	16 Févr.	9	67 80
—				2987 73		Balance des intérêts,	—	—	2987 73
	300	90000	532427 73						* 7353 10

S. E. ou O.
Certifié conforme à mes livres.
Paris, le 16 Février 1863.
DUTEURTRE.

JANVIER 1863.

FOLIOS	DÉTAIL DES ARTICLES.	SOMMES	TOTAUX	DIVERS		MARCHANDISES GÉN.		CAISSE		EFFETS À RECEVOIR		EFFETS À PAYER		PROFITS ET PERTES	
				DÉBIT	CRÉDIT	DÉBIT	CRÉDIT	DÉBIT	CRÉDIT	DÉBIT	CRÉDIT	DÉBIT	CRÉDIT	DÉBIT	CRÉDIT
	1er														
2.	CAISSE, à CAPITAL, mon versement,	100000 »			100000 »			100000 »							
	2														
3.	MARCHANDISES GÉNÉRALES, à JOSÉ PÉDRO, de Madrid, sa facture,	160000 »			160000 »	160000 »									
	3														
3.	MARCEL, de Rennes, à MARCHANDISES GÉNÉRALES, ma facture,	127800 »	127800 »				127800 »								
	4														
	MARCHANDISES GÉNÉRALES à CAISSE, droits aux 400 balles José Pédro,	41500 »				41500 »			41500 »						
	Divers 127800 » 260000 » M. G. 207500 » 127800 » Caisse 100000 » 41500 » 435300 » 435300 »	435300 »	127800 »	260000 »	207500 »	127800 »	100000 »	41500 »						

Paris.—Typ. FÉRY frères, rue du Pont-Louis-Philippe, 6, derrière la Caserne Napoléon.

Paris. — Typ. Vara Frères, 8, r. Pont-four-St-Germain

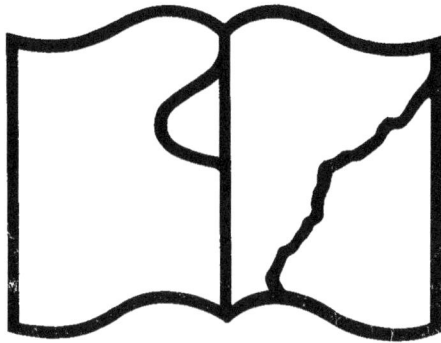

Texte détérioré — reliure défectueuse

NF Z 43-120-11

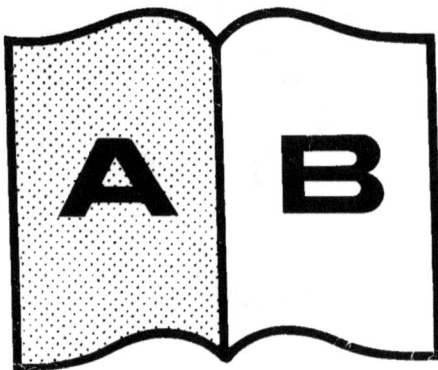

Contraste insuffisant

NF Z 43-120-14